听专家田间讲课

种植
优质好稻米

邢丹英 等 编著

U0238646

中国农业出版社

作者简介 ┈┈┈┈┈┈ >>>

　　邢丹英，男，1956年1月出生，中共党员，教授、推广研究员，管理学博士，长江大学博士生导师，国务院特殊津贴享受者，湖北省有突出贡献中青年专家。长期工作在农业教育、科研和推广第一线，先后在基层驻点十年，对农业生产有较深的认识。参加科技部、农业部科研课题10余项，申请专利20余项，授权11项，获得省部级科技成果奖15项，受湖北省人民政府表彰2次。

编著者　邢丹英　雷昌云

　　　　　金明珠　杜　斌

　　　　　陈火云

定　稿　邢丹英

目录
MU LU

第三讲 合理施肥 / 81

第四讲｜防治病虫草鼠害 / 134

第一讲
选用优良品种

1. 什么样的品种最好？

什么样的品种最好？这是农民向技术人员咨询时提得最多的一个问题。

农谚说得好："种好一半谷"。随着农业科学技术的普及，越来越多的农民已经认识到良种的作用，知道只有好的品种才能获得高产和优质。

一般来说，作物品种的产量和品质表现，是其遗传基础在一定环境条件下综合表达的结果。换句话说，环境条件不同，即使相同遗传基础的品种，表现也千变万化；同一种高产优质栽培模式也受到当地气候、土壤、肥水条件、生物因素（如病、虫、草、鼠害等）、生产者水平和投入能力等方面的限制。因此，各地由于这些因素和条件的不同，农民对品种的选择也应该有所不同。离开了生产地具体情况谈"高产、优质、高效"目标，是很不实际的。这就是为什么一种栽培模式不能"包打天下"的原因。

不同生产目的，不同生产条件，应该有不同的品种选择。一般来说，水稻以产量为生产目的，在品质要求不是十分高的地区，产量越高、生育期适中、品质较好的品种，应为最佳选择。

在病虫害不太严重的地区，可选用产量潜力大、生育期适中、品质较好的品种。如果病虫害如水稻稻瘟病、水稻纹枯病、水稻白叶枯病严重，应选择产量潜力高、抗性强的水稻品种。否则，即使产量潜力大、品质优，但抗性太差，水稻生产者将会因病虫害的影响而减产减收，或者增加防治病虫害的成本，反而达不到高产、优质、高效的目的。

由于生产地土壤肥力不同，对水稻品种的选择还要考虑其耐肥性能。一般来说，大穗型品种的耐肥性比穗型较小的品种要强一些。对于肥水条件较好的水稻产区，大穗型的良种应优先选择；肥水条件较差、生产者经济条件有限、科技水平不高的农区（户），应注意选用穗型适中的水稻品种。

在品种选择上还应该考虑生产地的某些特别要求，如苗期耐低温、抽穗扬花期耐高温、抗倒伏、灌浆速率以及粒型等。

除了上述条件，还应考虑品种的商品性能，如纯度、净度、饱满度以及是否陈种等。

选择什么样的品种才是相对最佳的呢？一般来说，品种的选择应具备高产、优质、适应性广、抗性强的特点。

高产，就是所选的品种能够充分利用生产地的自然资源（如温度、光照、水分、养分等）和社会资源（如劳动力、科技、经济、交通、市场等），使作物品种作为这个大环境下的"生物反应器"，获得尽可能高的产量。

优质，就是所选的品种能够将上述的自然资源和社会资源有效地加以利用，使其终端产品的品质优，为消费者所欢迎。

抗性强，就是所选用的品种能够抵御或减轻生产地多种自然灾害的影响，如极端温度（苗期低温、穗期高温、灌浆期高低温等）、干旱、盐碱、生物危害（病、虫、草、鼠害等），以及风害（如倒伏等）。实际上，由于目前科技发展水平等方面的原因，世界上任何一个水稻良种都远远达不到这个水平。育种家们选育的品种都有一定的适应区域。有的品种抗性比较一般，只达到中抗水平，但抗谱较宽；有的品种抗谱较窄，但在某一范围内的抗性较强，达到了高抗甚至免疫水平。

从稳产角度考虑，病害较重的地区还应注意将其基本特性相似的不同品种分田块"插花种植"，尽可能减轻病害的影响。

适应性是一个综合性概念，它既包括多抗的一部分含义，又包括对环境温度、光照的适应，对不同土壤、水分、肥力的适应。适应性广的品种一般种植面积相对较大。例如，由福建三明市农业科学研究所选育的杂交水稻汕优 63，就是一个适应性较强的良种，它的种植范围曾遍及我国整个南方稻区。

在品种选用上，除了考虑上面的原则，还应考虑该品种对当地种植制度的影响，如前后作、耐连作性能等。此外，还应兼顾品种的商品性能，如种子的纯度、净度、饱满度以及储藏期（是否为陈种）等。作为水稻生产者，最重要的选择主要是充分利用国家正规的农业服务部门，如农业种子公司，通过正规的渠道来购进较好的种子。在了解种子信息上，千万不要轻信某些流言和一些不具备农业生产资料宣传资质的媒介的宣传，那样很容易引起某种误导；最好直接到当地农业部门，如农业局、农技推广站、种子管理站和种子公司来了解信息。因为当地农业部门对本地的自然资源、社会资源、生产制度最了解；退一万步说，他们不会、也不可能做出过分的宣传，可靠性高。在此基础上，注意向当地育种单位、农业技术人员、农业科技示范户等了解种子的特点，再购入。这样的良种往往比较理想。

特别提醒农民朋友，在购买水稻种子时应向售种单位或公司索取发票；种子购入之后，还应将其购种发票和种用袋至少保存一年，到来年稻种收获后再作废，以备因种子质量问题引起纠纷时用作责任判断的依据。

2. 怎样引种外地良种？

引种外地良种是对本地品种不足的一个辅助措施。一般而言，引用外地稻种，应考虑三个问题：

(1) 温光反应问题

水稻源产于热带沼泽地区，长期的系统发育使其形成了短日高温的特点，由于人们的选择和分化，便产生了不同的类型。如粳稻生长发育的生物学起点温度较低，一般以 10 ℃计，籼稻的生物学起点温度较高，一般以 12 ℃计；晚稻的感温性、感光性和基本营养生长性较强，而早稻、中稻的光照要求相对较弱，但对温度反应较强，也就是感温性强，感光性较弱，在生长发育的过程中只要能够满足其积温要求就基本可以进入幼穗分化。如果不了解计划引用的水稻目标品种的温光反应特性，引种将会冒很大的风险，甚至完全不能成功。

(2) 病虫草害问题

由于不同地域生态环境不同，其各地的病虫

草害也存有一定的差异。这是引种需要认真对待的。某些病虫草害是检疫对象，只能限制在疫区，不允许带出到其他地区。国家及农业有关部门也制定相关的规定。这就需要我们的技术人员认真学习落实。不能因为一时的疏忽而将异地的检疫对象引进来，以免给当地生产造成不必要的损失。

（3）产量、品质及适应性问题

产量、品质及适应性是计划引种稻区不可忽视的一个问题。如果前两个问题已经通过，这个问题不能解决则依然难以成功。产量的问题比较直观，一看就可明确。品质则有一定的复杂性。评价米质的标准有碾米品质、外观品质、蒸煮品质、食味品质、营养品质、市场品质、卫生品质等，简而言之应该包括"五好"，即好看、好吃、好种、好加工、好销售。好看指外观好，外观整洁漂亮，透明度好，无腹白或很小，一级优质米的垩白粒率要小于 10%（国标）。好吃是指用优质米做出的米饭应具备正常的清香味，饭粒完整不开裂，洁白有光泽，软而不黏结，且具有弹性，口感好。好种是生产地对品种的条件差异不大，比较容易满足。好加工是指出糙率和整精米率要高。好销售是要好卖并且能够卖出好价钱，多数消费者认同，有一个较好的市场价格。

解决了上述问题，就可以从事引种了。在引种实践中，一般是同纬度、同海拔引种，因其温光条件相近，成功率较高。低纬度向高纬度引种，一般是生育期延长。如华南的早稻引种到长江流域，因为其生育期延长，可以作中稻栽培。高纬度向低纬度引种则生育期缩短。在引种过程中，还要注意一些特例现象。如果高纬度的东北粳稻（44°N左右）从低海拔地区（海拔500米）引种到西南某地区（30°N左右）的高海拔稻区（海拔1 400米），可以直接利用，生育期未见明显缩短。这是因为光照效应和温度效应在生育期上的某种平衡，也就是相互抵消。但是，北方某些水稻品种进入南方稻区后，病虫害一般呈加重的趋势。这是因为南方稻区的病虫害多，危害程度较重的原因所致。

即使按照上述思路解决引种问题，是否就可以规模引种呢？应该说，即使考虑了上述问题，还不宜规模引种直接应用，最好是首先经过当地的试验（也就是应该经过实际生产检验）之后，视其表现再决定下一步的引种规模。

3. 如何选购水稻良种？

优良的品种是水稻增产增效的前提条件。因此，在选购水稻良种时，应考虑以下五个方面。

（1）产量高

高产稳产良种，一般在形态上有以下特点：中等株型，穗型较大，叶片直立、上举，成熟期适中，适宜于当地的气候条件和耕作制度。

（2）米质好

通常认为米质好的稻米必须是营养成分高、胀性大、食味好。在外观上，一般表现为腹白小、垩白度小、垩白率少、半透明状，而且出米率和整米率高。

（3）抗性强

品种要具有抵抗病虫、盐碱、高温、低温、倒伏、早衰等多种自然灾害的能力。不同种植地区的自然灾害是不同的，选购品种时必须考虑对其主要自然灾害的抵抗能力，如在武陵山区，抗稻瘟病能力就是其品种能否立足的一个重要条件，而在江汉平原，抗倒伏能力也是品种选择的重要指标。

（4）质量高

选择的品种在纯度、净度、发芽率、水分等方面要符合水稻良种的国家标准。根据国家标准（GB4401.1—2008）规定，水稻种子分常规种、杂交种、制种亲本三类，每一类又分成两个等级。其质量标准见表1。

表1　水稻种子质量标准（%）

项　目	常规种		杂交种（大田用种）	杂交稻制种亲本	
	原种	良种		原种	良种
纯度	≥99.9	≥98.0	≥96.0	≥99.9	≥99.5
净度	≥98.0	≥98.0	≥98.0	≥98.0	≥98.0
发芽率	≥85.0	≥85.0	≥80.0	≥80.0	≥80.0
水分	≤13.0（籼）≤14.5（粳）	≤13.0（籼）≤14.5（粳）	≤13.0（籼）≤14.5（粳）	≤13.0	≤13.0

注：杂交稻质量指标适用于三系和两系稻杂交种子。

（5）陈种问题

陈种是指收获以后贮藏一年以上的种子。一般来说，陈种由于贮藏的时间比较长，体内的养分消耗比较大，种子的活力下降，远远比不上新种子。用陈种需要精细管理，难度比较大，对生产者的要求比较高。所以，一般来说，应尽量避免选用陈种。

4. 怎样鉴别陈稻种与新稻种？

陈稻种是收获后贮藏一年以上的水稻种子，新稻种则是上一季收获的种子。由于贮藏时间的长短不一，贮藏期消耗的养料、种子的活力、发芽率、发芽势都有一定区别。陈种的种子活力、发芽率、发芽势比新种要差。

新种子（贮藏一年以内）稻壳或米皮带有叶绿素，故少部分种子呈绿色；陈种子（贮藏一年以上）则见不到绿色。也可取少许种子，浸泡在水中 6 小时，剥开稻壳，如果有 80% 以上膨胀的则为新稻种，倘若有 50% 以上的胚凹陷即为陈稻种。另外，新稻种有光泽，颜色发青,有清香味;陈稻种色泽发暗,颜色发黄,有的会有霉味。水分低而干燥的种子,握在手里有哗哗的响声,牙咬发出的声音响亮,种子断面光滑。

陈稻种发芽势弱,发芽率一般在 60% 左右。实践证明,隔年乃至两年的陈稻种在生产上是可以利用的,其关键是掌握浸种催芽技术。

(1) **采用温水、活水间歇浸种** 这种浸种方法能汰除种子中的泥沙及其呼吸过程中产生的有毒物质,不致影响根、芽的生长。具体做法是:种子清洗消毒后,倒入盛有 45 ℃左右温水的桶或缸内并拌匀,使温度稳定在 35 ℃左右,然后在桶或缸上覆膜保温,晚上浸,白天沥,重复一两天后,改用活水浸种,浸种过程中必须勤换水,一般每天 2~3 次,待种子露白后,即可排水催芽。

(2) **合理调整播种期** 陈稻种一般叶片数要减少 0.5 片左右,必须根据这一特点合理安排播期。

(3) **适当增加播量** 在做好发芽试验的基础上,把播量调整到达标种子的水平。

（4）**加强秧田管理** 陈稻种生活力差，次生根生长慢。一是要在立针现青时用 0.2％的磷酸二氢钾加尿素溶液喷一次，二是要早施断奶肥，三是要及时防治青枯病。

第二讲
健 身 栽 培

5. 种子包衣有什么作用？

种子包衣是一项农业新技术。一般而言，包衣的成分主要是杀虫剂、杀菌剂、复合肥料、微量元素、植物生长调节剂、成膜剂色素、填充剂等。上述成分经过先进的工艺加工，制成的药肥复合剂对优良种子进行包衣处理，这样的种子即为包衣种子。这种包衣种子具有杀虫剂、杀菌剂、复合肥料、微量元素、植物生长调节剂的作用，能够提高良种对周围环境的适应能力，保护稻种免受病虫害的影响，促进水稻按照生产者的要求生长发育。生产者可直接购买包衣良种后参照说明书进行使用。这是当前水稻包衣技术应用的主流。还有一种种子包衣技术，其成分中加入了保水剂

（如淀粉类、树脂类、纤维素类等）成分。保水剂是一种保水性能较强的物质，它能够吸收达自己体积数百倍乃至千倍的水分，使其免于流失，而作物的根系能够吸收其保持的水分，具有保水剂的包衣剂在使用时就相当于给种子携带了一个微型的"小水库"，这样就增强了其稻种的抗旱能力。这在水稻旱育秧技术中有一定的应用。其使用方法：先将稻种用水浸湿，再拌入含有保水剂的包衣剂中，拌匀后即可进行播种。江苏省里下河地区农业科学研究所研制的"旱育保姆"、南京市六河区农业科学研究所等生产的水稻包衣剂，即属此类产品。由于保水剂的吸水能力较强，它不仅可以保住人工加入的水，还能吸附空气中的水分。因此，含有保水剂的包衣剂不能像前一种包衣剂那样预先生产出包衣种子。平时要将含有保水剂的包衣剂与种子分开，密封避光保存，到时候随拌随用。

由于种子包衣剂的基本组成中都有农药（杀虫剂、杀菌剂）和植物生长调节剂，在使用中要注意安全，包衣种子的包装袋不能重复使用或乱丢，用后要注意处理（深埋）以防人畜中毒，一旦发现中毒应立即到医院及时就医。

包衣剂的效果主要来源于包膜（种衣）中不断释放的有效成分，而不是依靠种衣的包被保护。种子包衣面积达到种子表面积的 75% 即可发挥正常药效，因种子表面凹陷或茸毛而使种子的包衣面积达不到百分之百，并不影响其药效。

由于水稻湿润育秧和水育秧的秧田里有水分保障，将普通包衣良种播入秧厢（湿润育秧必须进行泥浆塌谷，将稻种用木板轻轻压入泥中）即可，其播种期、播种量及秧田施肥同一般大田。对于旱地育秧，含有保水剂的包衣剂处理，由于有"微型水库"相伴，其效果就远远优于普通包衣剂的处理。其使用方法：将秧厢预先处理好，拣净草根、石块，均匀施入腐熟农家肥和复合肥，肥料与 10 厘米厚的表土层拌匀，浇足底水，做到厢平土细，将种子吃足水后用含有保水剂的包衣剂按一定比例（如江苏省里下河地区生产的"旱育保姆"是每 500 克拌 1500 克杂交稻种）人工拌匀，再均匀播入秧厢，其他要求同一般旱地育秧。

6. 播种前如何进行水稻种子处理?

播种前进行水稻种子处理,是为了增强稻种生活力,提高播种质量的种子处理方法。一般包括晒种、温汤浸种、泥(盐)水选种、石灰水或药剂浸种、药剂拌种等。

(1) 晒种

在播种前,将稻种置于阳光下 2～3 天,能使种子干燥,提高通透性而利于吸水;能增强种子中酶的活性,提高种子的生活力;能杀死种子表面的病菌和虫卵,减轻种子带菌传播;能提高种子发芽势和发芽率,利于培育壮秧。晒种时要求做到摊薄、匀晒,操作要精细,防止搓伤种皮。

(2) 温汤浸种

先将稻种在清水中预浸 20 小时左右,然后用箩筐滤水后放入 54 ℃的温水中浸 10 分钟,不停地朝一个方向搅拌,使种子受热均匀。捞出后即可催芽播种。温汤浸种可以杀死稻瘟病、白叶枯病、恶苗病和干尖线虫病等病菌。

（3）泥（盐）水选种

利用泥（盐）水较大的比重将灌浆不饱满的种子捞出，留下饱满的种子播种，从而达到苗齐苗壮。捞出的不饱满种子另行播种，精细管理后也能用于大田。盐水选种还对病菌虫卵有一定的杀灭作用。

（4）石灰水浸种

石灰水浸种是一种传统的浸种消毒方法。其具体做法是：称取石灰 0.5 千克，用纱布包好，然后放入 50 千克水中溶解过滤，再把种子倒入石灰水中浸 40～50 小时，浸后将稻种洗干净，再行催芽。石灰水浸种时注意在浸种过程中不要搅动水面，以免打破石灰水表面的膜状体，导致空气进入而影响消毒效果。浸种时间要随温度的高低而变化。一般情况下，温度在 15 ℃时浸种 4 天左右，20 ℃时浸种 3 天，25 ℃时浸种 2 天。浸种后捞出种子用清水冲洗干净，再催芽播种。

（5）药剂浸种

药剂浸种是为了灭除种子带菌和保护种子苗期生长，将稻种置于一定浓度药液中浸泡的一种处理方法。通过药剂浸种可以杀死种皮带菌，并在种子表面形成一层药膜提高种子的抗病能力。针对病菌的不同，药剂配方也不同。一般常用的浸种药剂有强氯精、三环唑等。

强氯精浸种：先将稻种用清水浸 12 小时，然后捞起滤干水分后放入 250 倍强氯精药液中浸 12 小时，浸后捞起用清水洗净即可催芽播种。可预防细条病、恶苗病、白叶枯病和稻瘟病等。

三环唑浸种：将稻种置于 1 000 倍的三环唑药液中，浸种 24 小时，浸后捞起用清水洗净后即可催芽播种。三环唑对稻瘟病的防治效果明显优于一般药剂。

药剂拌种和药剂浸种的原理相同，不同的是，拌种的药剂是粉剂为主，拌种常用的药剂主要有粉锈宁等。

生产中也有直接用清水浸种的方式。清水浸种是在种子播种前为了让种子携有足够的水分而将其置于清水中的一种处理方法。浸种的温度，稻种的种类均对其浸种时间有不同要求。据日本星川清亲研究，日本粳稻品种浸种一般为 60 ℃·日，即水温与天数的积应达到 60 ℃·日才能使种子达到要求。由于种子在浸种过程中会产生一些次生代谢产物，需要在浸种过程中换水1～2次，以免浸种过程中的次生代谢产物对胚造成伤害。

7. 水稻育秧应注意什么问题？

水稻育秧一般需要注意种子质量及种子处理、播种质量、最佳播种期、播种量（密度）、秧田肥水条件、土壤通透性、秧田管理及植物生长调节剂应用等方面的问题。

（1）种子质量好

是指种子必须有较强的生活力，发芽势强，用这样的种子能够保证较好的生长发育基础。优质的种子再经过适当的处理，就能够提高种子的发芽率和成秧率。

（2）播种质量

播种质量有广义和狭义之分。狭义的播种质量仅指播种中的农事操作过程要符合水稻种子的萌发和生长的基本要求，包括秧田整理、肥料施用、播种的均匀程度、病虫鼠害的防治、播种后种子的掩盖（湿润育秧需要泥浆塌谷，旱育秧则需要均匀覆上 0.5～1 厘米厚的细壤土）等。广义的播种质量还涉及播种期的掌握和保温设施的正确运用。

（3）最佳播种期

我国位于北半球季风气候带，除了低纬度的地区（如广东、海南等地），早春的温度对水稻育秧的影响是很大的。据研究，籼稻要气温稳定通过 12 ℃，粳稻稳定通过 10 ℃才能进入安全播种期。由于我国的人口压力和产量要求，又不得不用生育期较长的品种去争取高产，这样有限的温光资源就显得格外紧张。在一些地区，如果要按照气温稳定通过 12 ℃才能播籼稻，稳定通过 10 ℃才能播粳稻，要么就用生育期短的品种，否则对其周年的种植安排产生矛盾。要解决这一问题，一是可以采用保温设施。据调查，早春季节覆膜（普膜、地膜）可以提前一周左右播种，且天气状况与增温效应关系密切，晴天的效果明显优于阴雨天。另一个方法就是结合天气状况，抢晴播种。研究表明，早春期间的气温呈波浪形上升，其不同时间温度的峰与峰之间呈一定的规律。同时，播种后的稻种只要能够抢住 2～3 个晴日，就能够较好地萌发，以后再遇低温时影响也就很小。为了解决播种期问题，对于早春期间具有低温矛盾的地区，应在计算覆膜增温幅度的基础上，抓住早春冷空气入侵的冷尾暖头抢晴播种。例如，可以在冷空气入侵降温时号召农民用清水（或药剂）浸种，每天换一次水，在天气转晴后抢晴播种。这样的种子在播种后可以获得几个晴日，它对种子早期的萌发和生长往往比较有利。如果能结合气象资料则会更加有利。

（4）播种量

也称播种密度。是指单位面积上稻种的播入量。在播种均匀的条件下，其播种量与秧田生长时间有一定的负相关。即单位面积的稻田播种量愈大，其适宜于秧苗生长的时间愈短。秧苗时期的长短与其气温、光照和养分条件紧密相关。水稻是喜温作物，高温促进水稻的生长发育，秧苗生长的速度较快，单位时间生长的秧苗营养体就较大，而其能够使秧苗正常生长的时间也较短。例如，江汉平原早稻秧苗在覆盖塑膜条件下，生长一片完全叶的时间约 7 天，而在 4 月中下旬播种时生长一片完全叶的时间则为 5 天左右，相比则缩短 2～3 天，但其有效积累则变化很小，几乎相当。光照对水稻发育关系密切。较高强度的光照条件能够使水稻较高叶面积系数（即单位秧苗叶面积之和）的秧苗正常生长。据刁操铨研究，湖南长沙地区早春的日照度为 2 万勒克斯以上，这种日照度能适应叶面积系数为 3 的秧苗正常生长，若秧苗叶面积系数再大，秧苗底层的光照将会降到光补偿点以下，光合产物将全部用于呼吸消耗，没有积累，下部叶片会死亡，一些弱苗和后期生长的弱小分蘖会由于强苗强蘖的竞争而日益消亡。

单位面积播种量较小，秧苗的正常生长时间长于播种量大的秧苗。在相同的环境条件下，不同品种的生长速度存有差异；同一品种在不同的温度、光照及水肥条件的秧苗生长速度也不同。这要视具体情况确定播量和适宜秧龄期，不能一概而论。

高产水稻的秧苗要求叶色浓绿，单株带蘖数多，根系发达。在日常的栽培条件下可以应用植物生长调节剂进行调控。如在一叶一心至二叶一心的秧苗期施用 150 毫克/升 15％的多效唑溶液，可以抑制顶端优势，促进秧苗的根系和分蘖生长。多效唑后效期长，其用量和浓度要严格按照有关要求，以免造成药害。

(5) 秧苗生长需要较好的土壤肥力条件

较好的肥力条件下秧苗单位时间的营养体较大，达到一定生长量的时间较短。一般而言，秧苗正常生长需要足量的腐熟农家肥和速效氮、磷、钾及一些微量元素（如锌等）。秧田的养分必须要保证秧苗生长的需要。

(6) 稻田土壤的通透性

稻田土壤的通透性表明土壤的通透程度和氧气含量。秧田通透性好，氧化还原电位（Eh）高，嫌气条件产生的有毒物质（如 H_2S 等）少，而且容易分解，对秧苗的发育有益，秧苗生长才会更加健壮。如果土壤的通透性差，有毒物质容易积累，会对秧苗的根系造成一定程度的毒害，不利于秧苗的生长。

(7) 秧田的水源情况

灌溉水温低，会阻碍秧苗正常生长，延迟秧苗生长的速度，应尽量避免用低温水（如冷凉的山泉水等）作秧田的直接灌溉水源。对于只有冷凉山泉水的地方，建议在秧田附近先用一稻田蓄水，让其自然升温，再灌入秧田。由于秧田对水源的要求较高，因而应尽量用水源较活的稻田作秧田。

8. 各种育秧方式有何优缺点？

育秧是夺取水稻高产的一个重要措施。依育秧时期对水分的需要量、秧田情况及管理特点，可以将水稻育秧划分成水育秧系列技术和旱育秧系列技术。前者包括有水育秧（育秧时水层覆盖种子）、湿润育秧（厢面无水，厢沟有水）、湿润保温育秧（覆盖农膜）、温室两段育秧等，后者主要包括旱育秧、旱育抛秧等。

（1）水育秧

这是一种比较原始的育秧方式，其特点是种子淹泡在水层下。它需要温度较高时种子才能萌发。由于水的比热大，水温的上升往往比较迟缓，稻种萌发与生长的速度较慢；另外，种子所处的水层中水分丰富而氧气不足，其根系发育相对滞后。这种秧苗的分蘖数一般较少，秧苗较差，产量相对较低。

(2) 湿润育秧

它是将种子播种在厢式秧厢上，其种子所处的泥层裸露在外，氧气较为充足，厢沟里的水能够保证种子的需要，是一种水和氧气较为协调的育秧方式。湿润保温育秧是在湿润育秧的基础上覆盖保温塑膜，是湿润育秧的一种演变。在水稻生产的主要产区，湿润保湿育秧是最常见的一种育秧方式。

(3) 旱地育秧

它是将种子播种在旱地的秧厢上，由于旱地的水分较少，氧气丰富，在此条件下培育的秧苗兼有旱地禾本科植物的某些特性，如植株较小，根较细，体内自由水较少，组织较致密；而且，这种条件所育秧苗的耐寒性、耐旱性强，其插入大田后的发育速度远远快于水育秧系列技术，是一种新的育秧技术。

上述方式各有一定的利弊。一般说来，在温度、水分和土壤条件较优越的地区或时段，湿润保温育秧的应用较为普遍，且技术也较为容易掌握；在水分条件较差，需要抵抗低温等不利条件的地区，旱育秧则有着独特的优势。应当指出的是，与水育秧、湿润育秧技术相比较，旱地育秧的技术要求较高，掌握的人相对较少，应用时要认真解决，切不可粗心。

9. 怎样进行旱育秧？

旱育秧是水稻生产应用较多的一种育秧方式。其具体操作过程包括以下 7 个方面：

(1) 选地

宜选用通风向阳，土壤平整肥沃，管理方便，偏酸的土地做秧厢。秧厢以壤土为宜，过沙、过黏都不宜。

(2) 整地做厢

要求在预定的秧厢处整地做厢，拣净杂草（特别是蒨根性杂草）和石块、作物残茬。水稻种子较小，必须认真清除。考虑到育秧塑膜的物理特性（纵向断裂强度远远大于横向）和提高育秧塑膜的有效使用期，秧厢的走向必须与育秧期间的主要风向平行。秧厢有凸式秧厢和凹式秧厢（图 1）。凹式秧厢主要用于保水性能较差的沙壤土，凸式秧厢则用于一般壤土。考虑到秧厢表土的水分均匀性，其厢面不宜太高，厢与沟的高度以 10～15 厘米为宜。

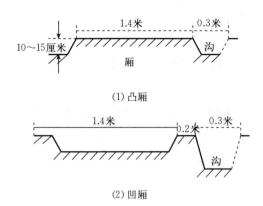

(1) 凸厢

(2) 凹厢

图 1　旱地育秧的两种秧厢

秧厢的厢宽一般为 1.4 米，厢高 10～15 厘米，厢长一般 6～8 米。秧厢过长，在覆盖塑料薄膜的条件下，秧苗一叶全展以后在晴天很容易因通风降温不及时而造成中段秧厢秧苗灼伤。秧厢过高，则秧面两侧的重力水易流失，造成秧厢表土层水分不均匀，从而拉大了秧厢中部和两侧的生长距离。

（3）施足底肥

一般以每平方米施用腐熟农家肥 3～5 千克。

三要素复合肥 50 克（N：P_2O_5：$K_2O＝15$：15：15)或过磷酸钙 50～100 克、氯化钾或硫酸钾 100 克。亦可用旱育秧专用壮秧剂 25 克/米^2。肥料需要均匀撒施，施入 10 厘米厚的床土层中，切忌只施在厢土表面，以免在厢土表面形成一个肥层而烧苗。

（4）浇足底水，整理厢面

肥料施入以后，应将旱育秧床均匀泼浇底水。底水要浇足，其标准为秧厢两侧的厢沟有水分渗出。浇水后，秧面土壤会出现因细小土壤被冲刷而产生新的土缝或土块露出，需要利用清沟和垫细土将其掩盖住。

（5）土壤消毒、播种、覆土、喷药

秧床整理之后，需用 700 倍的敌克松药液均匀喷撒于秧床土壤消毒，用壮秧剂做底肥可酌情免除。播种要求做到分厢过秤，稀播匀播。其做法为：先将稻种按 1/2～3/4 的量均匀播入，所剩部分再酌情增播。播种后用已备好的过筛细土覆盖稻种，厚度为 0.5～1 厘米。

（6）起拱覆膜

搭好拱架，拱架以竹条为宜。要求其外拱

面光滑，无突出的残枝等物，以免划伤塑膜，影响保温效果。拱架以自然拱为宜。其做法为：竹条在厢面两侧向秧厢内插入，使竹条插入部分呈 V 状，竹条呈自然圆弧形，拱高 50 厘米左右，拱条间距以 60～70 厘米为宜。拱条间距不宜过大，以免导致塑膜下垂，影响育秧效果。覆膜以双膜覆盖方式为宜。其做法为：先在地面覆盖一层平铺微膜，再在拱架外面覆盖一层拱架塑膜。由于平铺膜与拱架膜一起形成的"肉夹饼"式结构具有保温（两层塑膜加中间的空气层结构保温效果远远高于任一单一塑膜覆盖）和保水（升温效果使秧厢的水分上升蒸发，遇到平铺膜的阻隔后就不断凝聚在表土层）双重作用，因而效果较优。待 80％的稻谷立针后就要将平铺膜揭去。拱架膜则按照常规方法管理。

（7）秧田管理

① 温度。秧苗一叶全展以后，秧苗的耐高温能力已经下降。在秧厢气温高于 30 ℃以后，常常会出现高温灼伤秧叶现象。其症状为：先在距叶尖 1 厘米左右处出现黄白色灼伤斑块，

再向上向下扩展，严重时可使秧叶失绿、干枯，秧苗致死。防止秧苗受高温危害，需要结合天气状况，注意揭膜降温。其做法为：早春的晴天上午 9：00 左右将秧厢的两头塑膜揭起，使空气对流，下午 5：00 左右再将膜盖严。秧厢的走向与育秧期间主要风向平行一致的，其空气的对流情况更好，降温更快。随着气温的升高和秧苗的长大，秧厢揭膜的时间和揭膜的程度将会逐渐加大，直至将覆盖的膜全部揭去。在秧苗移栽前一周，要将覆盖的塑膜全部揭去，炼苗。

② 水分。由于是旱地育秧，水分往往较缺，需要酌情弥补。其做法为：待秧厢土表发白后补水。补水宜在早晨和傍晚进行，要求浇水均匀，一次水量较足。可结合追施农家肥（如捞去残渣的稀水粪）进行补水。

③ 病害。对旱育秧苗影响最大的是水稻立枯病。立枯病的病原菌属于半知菌镰刀属和立枯丝核属，该病主要是土壤带菌，低温和土壤酸碱度（pH）过高则容易发生。能够防治立枯病的药物较多，如敌克松、立枯灵、移栽灵、

绿亨 2 号等，都有一定的效果。敌克松使用的
历史较长，它是一种暗褐色（似铁锈）的固
体。这种药物遇光易分解，进入植物体之后可
维持较长的时间，可以与酸性农药联合使用。
一叶一心是立枯病较易发生的时期。它是一种
侵染性病害。它的病菌侵入水稻秧苗的输导组
织，使秧苗的水分运输受阻。早晨检查秧田
时，如果发现零星有几株秧苗的叶尖没有水珠
（吐水现象），用手轻轻一提又提不动，则应首
先推断是立枯病，需要防治。如果轻轻一提秧苗
被提起，还伴有虫口（如蝼蛄、地老虎等危害），
则应防治虫害。

④ 虫害、鼠害及家禽影响。能够啃食旱育
秧苗的害虫有蝼蛄、地老虎等。对于此类害虫，
可以在水稻出苗后结合防病用较高浓度的杀虫
剂，如 40％的毒死蜱乳油 1 500 倍溶液喷施。对
于鼠害，则需要在秧厢附近用炒过的稻谷（丧失
了发芽能力）拌敌鼠纳盐等鼠药后制成毒饵诱
杀。放毒饵要注意安全，以免人、畜、禽中毒。
此外，还要做好秧厢与畜、禽的隔离，以免影响
育秧效果。

10. 怎样进行湿润育秧？

湿润育秧是南方稻区比较常见的一种育秧方式，包括选地、整地做厢（畦）、施足底肥、整理厢（畦）面、播种、起拱覆膜、秧田管理等 7 个环节。

（1）选地

除了选择通风向阳、土壤平整肥沃和管理方便之外，更重要的是要选"易发苗"的田块做秧田。因为"易发苗"是一个综合指标，它反映了土壤的水肥气热等因素的协调。这就要结合上一季的水稻生产情况来定。

（2）整地做厢（畦）

要做到厢（畦）面无土块、石块、作物残茬，平整。为了提高育秧塑膜的有效使用期，要注意秧厢的走向与育秧期间当地的主要风向平行（这点与旱育秧相同）。秧厢只有凸厢，其宽度一般以 1.4 米为宜，厢长不宜过长。如果厢长超过 6 米以上，则要十分注意秧苗一叶全展后（一叶全展后的耐高温性能会下降，易受灼伤）秧厢中

间地段秧苗的通风降温。其做法主要有：配合秧
厢的两头通风，再将中间地段的塑料薄膜用竹条
适当撑起，达到整体通风降温的效果。

（3）施肥

施肥量的要求与旱育秧基本相同，主要是要
求做到泥肥交融，以免产生肥害。

（4）播种

除了要做到稀播匀播，还要泥浆塌谷，即播
种后用平整的木板轻轻地将谷种压入泥中。这样
可以起到减轻鸟害、水分充足、温度平稳、苗齐
苗壮的效果。

11. 水稻旱育秧栽培技术有什么特点？

水稻旱育秧栽培具有"三省"（省工、省种、
省秧田）"两节"（节水、节本）"两增"（增产、
增效）等优点。应用该技术育秧较安全，成秧率
高，根系发达，移栽后缓苗期短，分蘖发生早，
早熟、高产，是实现水稻高产高效栽培的一项有
效措施。

应用旱育秧栽培技术的注意事项：

(1) 种子

适于当地种植，且籽粒饱满，无混杂，发芽率高，大田产量高。

(2) 播期

要结合农时，以及播种时的温度、插秧期、不同品种的全生育期来安排。

(3) 秧田播种量及播种均匀度

秧田播种量是要按照当地的生产茬口、秧田正常生长的适宜密度来定，一般小春田的秧田播种密度宜小，绿肥田及冬泡田茬口可适当加大。播种要均匀，有利于出苗后营养平衡，健壮生长。

(4) 秧龄和移栽期

旱育秧秧龄在 4～5 叶时，温度适合，就必须及时移栽，有利于促进早发，早分蘖，获得高产。早春茬口（蔬菜田，绿肥田，冬泡田）可适当早插，在温度适宜的条件下，秧龄 4～5 叶即可移栽至大田；小春茬口（如油菜田，小麦田等），则需待小春作物收获以后才能整田插秧，秧龄要适当延长，需要 6～7 叶才能插秧。需要注意的是，秧龄愈长，秧田管理则需要更精细，防止病虫害。

（5）大田栽插基本苗

由于旱育秧田的秧苗大田发根分蘖能力强，插秧的基本苗一般可比水育秧少。土壤肥沃，易于分蘖的稻田可减少20％～25％；肥水条件差的可维持常规。插秧基本苗一般控制在3万（杂交稻）～5万（常规稻）之间，否则就会因分蘖多，田间过于荫蔽，招致病虫害，甚至倒伏，严重减产。

（6）水肥管理

科学施肥，抓好水浆管理。在育秧过程中要严格控制用水，浇足底水后可一直到出苗都不须浇水；出苗后，当床土干燥、早晨或傍晚秧苗无水珠、午间叶片内卷时，于早晚适当浇水，要一次浇透，切忌天天浇；移栽前要浇透水。大田以浅水管理为主，分蘖时晒田控苗，减少无效分蘖。

（7）病虫防治

加强田间监测，准确掌握重大病虫发生动态，把握防治时期，实行科学防治。

12. 什么是水稻轻简化栽培?

水稻轻简化栽培是相对传统的栽培技术而言，它所采用的作业程序简单，投入较少，具备省时、省力、节本、增效的特点，是一个栽培技术系统的总称。

水稻轻简化栽培技术主要包括：

① 水稻直播，包括水直播、旱直播；抛秧，包括旱育抛秧、湿润育秧抛秧；免耕技术。

② 水稻机械化、半机械化栽培技术。

③ 水稻化学调控、化学除草技术。

④ 水稻缓释肥、生物菌肥、微量元素肥、专用肥应用技术。

⑤ 土壤肥料、病虫草鼠害快速诊断与防治技术。

⑥ 节肥增效、秸秆利用等栽培技术。

⑦ 再生稻栽培技术。

13. 怎样进行抛秧栽培?

(1) 抛秧栽培的优点

① 省工省力。比手工插秧工效提高 5 倍以

上，提高了劳动效率，减轻了劳动强度，又有利于适时移栽，缓和季节矛盾。

②高产稳产。抛栽是利用重力作用落入稻田，其入土浅（一般是手插秧深度的 50% 左右），浅层受阳光的影响温度较高，因而发根快、分蘖早、蘖位低、分蘖多、群体密度大、穗数多。生产实践也表明，抛秧的产量也通常比手工栽插的产量高5%～10%。

③节约成本。节省专用秧田、省种、省水、省肥、省农膜，抛秧功效高，用工成本低。

(2) 抛秧栽培的缺点

①抗倒伏能力较弱。由于抛秧浅植，故表层根比重大，根系下扎浅，后期容易造成倒伏。

②抛秧后 3 天以内，不能抵御大风大雨。

③抛秧的株行距无规则，秧苗在田间呈"满天星"式分布，加上分蘖较旺，要注意防治病虫害。

(3) 抛栽的种类与特点

①人工抛秧。抛秧田要求泥烂、平整，抛前将田面水排至 1.5 厘米深以下。抛秧最好选择在晴天下午或阴天进行，有利于秧苗立苗。抛栽

时人走在过道内，一只手提秧（秧盘、秧篮），另一只手抓出 6～7 簇秧苗向空中抛出，使秧块均匀分散落到田内。为了使秧苗分布均匀，一般分两次抛栽，先抛 70% 的总秧量，整块地抛完后再抛余下 30% 的秧苗补稀补缺。

② 机器抛秧。机器抛秧的效率比人工高，而且抛秧均匀。其经济条件要求高，适合大面积作业。

所有的秧苗抛栽完毕之后，均需要按照一定的规格，即（操作者臂长＋喷雾器有效半径距离）×0.75，拣出管理走道，管理走道一般宽 0.3 米，两条走道间距约 1.8 米。考虑到通风透光的效果，管理走道应尽量兼顾光照和通风向。

（4）旱育抛秧应注意的问题

① 播种均匀及苗龄。在播种时，不要一次将种子播完，要分次匀播，力求均匀。对于塑盘进行旱育的秧苗，要根据塑盘上的小钵的体积，计划抛栽的苗龄以及种子的特性来确定播种量。如 561 孔的塑料秧盘（长×宽为 60 厘米×34 厘米，后同），用于旱地早稻育秧，每个小钵的空间能够使 1～2 粒种子的秧苗正常生长到三叶一

心，如果要秧龄再长，则秧苗生长将会受到空间的局限。因为在这样小钵的体积内，只有 2.2 厘米^3 的容量，过长的秧龄会使秧苗的根系无法正常生长。与之相应，在 430 孔左右和 200 孔左右塑料秧盘里，也只能允许 1～2 粒早稻秧苗较正常的生长四叶一心和五叶一心。鉴于上述问题，必须使每个塑料小钵内的播种量一般不要超过 2 粒稻种。秧苗生长期的气温愈高，秧苗生长速度愈快。在有限空间里的正常生长时间愈短。

②苗期"掉气"。这是指利用塑料软盘在旱地育秧时塑料小钵悬空于秧厢表土层，产生了一定的空间距离，使秧厢土壤中的水分、养分难以被小钵中稻种吸收的一种特有现象。在这种情况下，秧厢土壤中的水分和养分与小钵内的土壤相互分离（图 2），而小钵内土壤所携带的水分和养分又十分有限，这样很容易因为秧苗的蒸腾与土壤蒸发作用而使小钵内的土壤含水量降低至干旱的程度。这样小钵的土壤最先出现表土发白、干旱现象，其中生长的秧苗也常常因为缺水而生长滞缓，达不到正常的秧苗指标。

解决的办法：在播种前将秧厢土壤翻耕，耙

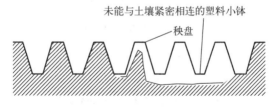

图 2　苗期"掉气"

平，拣净石块以及作物残茬，浇足底水（秧厢的规格高度要求与旱育秧相同）。将塑料秧盘的小钵均匀压入土壤中（图 3），增大土壤与小钵的接触面。在压入塑料秧盘时，可以先将塑料秧盘一起重叠多层，再压上规格相似的木板或长凳，加上人的力量，将其均匀压入（图 4）。切忌仅仅用手按或脚踏（图 5），那样受力不均匀，容易导致秧盘凹凸不平，加大了育秧的难度。

图 3　塑盘与土壤结合

　　③ 抛栽秧田的平整及水深问题。抛栽增产的一个重要原因是利用秧苗根部携带的泥土形成

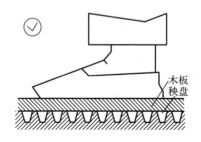

图4 正确的压入塑料秧盘

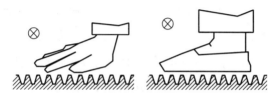

图5 两种错误方法压入塑料秧盘

自由落体,由此将秧苗带入稻田,这样秧苗的分蘖往往距土表较近,能够较好利用土壤表层的温度,分蘖数量大,有效穗数多,从而获得高产。

由于抛栽的旱育秧苗不高(一般低于15厘米),要让秧苗能够较好生长,应该做到土壤平整,水层较浅(一般为2厘米)。土壤平整、水层较浅才能使秧苗处于相对一致的条件下,并正常生长。如果土壤不平整,一些地方高而另一些地方低,会因高低不匀而使秧苗分蘖节处于不同的温度条件下。位于低洼位置的水层深，秧苗分蘖节所处的温度低，而位于凸起较高位置秧苗的分蘖节所处的温度较高，或者还会导致水分供应平衡，从而拉大其生长发育的差距。若稻田水层过深，还会使秧根难以插入泥中，从而形成漂浮苗，加大管理难度。

④ 抛栽均匀度及管理。抛栽是用人工或机械将秧苗抛入田间的一个过程，多种因素会导致秧苗抛栽不匀。设计者的一个思路是利用秧苗分蘖的自我调剂来实现大田总体均匀，但是在不同时间段内，秧苗不均匀却是客观的，这就是通风透光比较差的地方出现的原因，也是病害发生比较多的地方。因此，对于这样的现象，在抛栽后先要尽量通过人工调剂，匀密补疏，尽量做到基本一致；在以后的管理中，对于田间比较密的地方，要有意识地重点进行病虫调查和防治。

14. 如何进行直播栽培？

(1) 直播栽培的优点

① 省工省力。直播免除了传统育秧、秧田

管理和移栽等工作。据测算，每亩*水稻直播比水稻移栽节约用工 4 个以上，以日工资 100 元计算，可省 400 元以上。这样可节约劳力，缓解劳力季节性的矛盾。

② 节省秧田。按照每亩大田节省秧田 6.7 米²（秧田与大田比为 1∶10）计算，就可以生产 45 千克以上稻谷，增加大田产量。

③ 产量相近。直播更利于低节位分蘖的发生，低节位分蘖的比例大，主茎穗基本整齐一致，总穗数多，能够获得较好的产量。

（2）直播栽培的缺点

① 群体结构的控制。水稻群体过密或过稀、疏密不匀、水肥管理不当，加剧了个体与群体、主穗与分蘖穗、穗数与粒数的矛盾，使各个产量构成因素不能得到协调发展而难达高产。播种不匀、播种量不合理、管理措施不当，都会影响产量。

② 杂草问题。水稻直播后全苗和扎根立苗需脱水通气，而化学除草需适当水层，加上水稻

---

* 亩为非法定计量单位。15 亩＝1 公顷。——编者注

直播后稻苗与杂草同时生长，而杂草往往具有数量和种类多、适应能力强等方面的优势。同时，除草剂选择不当和防治时期不当等，都会很难控制杂草的生长。

③ 稳产问题。由于水稻直播省去了育秧环节，因而播期推迟 20～30 天，营养生长期缩短，成熟期推迟，如选用晚熟品种，正常齐穗受到影响，选用早熟品种则影响产量潜力。同时，上述的群体结构不合理、杂草控制不当，都会严重影响后期产量。

（3）直播栽培应把握的主要环节

① 田块平整。直播水稻田应选择排灌条件较好的田块，大田要开沟做畦，做到水浅、平整、软糊，一般 3 米宽畦，显出畦沟，以便排水落干。进行精耕平整，高差不超过 4 厘米，以利水浆管理和出苗均匀一致；并将田面上的有机肥料、杂草等翻入泥中，防止芽谷播在其上影响扎根，造成烂芽或死苗。大田平整后，让泥浆淀板后再播种，以防泥烂，落谷太深，影响出苗。

② 种子处理。要选择高产、优质、耐肥、抗倒伏的水稻品种作直播品种。依据大粒型稻种

对环境耐性较强的特点，以选用粒重较大的品种为宜。播前种子先晒 1～2 天，再用浸种灵或强氯精浸种消毒，以防恶苗病发生，一般浸种时间 48 小时，起水后催芽至破胸，再晾种 12～24 小时播种。

③ 播种。播种时，将处理好的种子分畦计算用种量，分畦定量播种。每畦沿沟来回一趟撒播一次，要求走步与手撒相互协调，均匀一致，先播种子量的 70%，留 30% 补缺补稀，并塌谷入泥，也可利用混浆水覆种，可免塌谷，播种时可用呋喃丹 22.5 千克/公顷，以防虫、鸟、鼠害。播后要及时排水落干，以利出苗。

(4) 大田管理

① 草害问题。水稻直播由于从播种到"封行"时间长，往往导致杂草大量发生，一般要进行 2～3 次化学除草。播种后的 3 天内进行化学除草，根据直播水稻田杂草生长规律及水稻生育特性，一般宜选用"直播净"等广谱性除草剂。苗期可根据田间杂草情况，喷施除草剂。例如，在水稻二叶一心期，田间杂草已长出 2～3 片叶片，较幼嫩，抗药性不强，容易消灭。随着水稻

封行，后期稻田杂草因失去光照等生存条件，难以危害。

② 水肥管理。一般破胸播种的种子在 5～6 天内即可出齐苗，要及时上水，从播种后到一叶一心期间，应做到晴天灌满水，阴雨天排水，尤其是芽谷在未现青扎根前必须保持田间湿润、无渍水，但也不能灌满水，立苗现青时可灌一层薄水促进秧苗分蘖。分蘖期以后在施除草剂或农药等特殊操作时要保持田间浅水层，当茎蘖苗达预定苗数 70% 时开始重烤田，以控制无效分蘖，以后除灌浆期田间保持水层外，要做到干湿交替。直播水稻相对于移栽水稻而言，其大田生长期长，生长量大，需肥稍多，在施足基肥的基础上还要分期追肥，以满足各个阶段生长发育的需要。基肥可施尿素 225～300 千克/公顷、磷酸二铵 225 千克/公顷、促花保花肥 150～225 千克/公顷。分蘖肥施尿素 140 千克/公顷、氯化钾 100 千克/公顷为宜，也可根据土壤肥力适当地增加或减少用量。

③ 病虫害防治。水稻田湿度大、透光差，病虫害发生较重，应结合当地植保部门的病虫预

测预报，提前做好相应的防范措施。

④ 机械化收割。水稻直播容易倒伏，应选择抗倒伏品种。当稻谷有 80% 以上的籽粒进入黄熟期后，即可用联合收割机进行收割。

15. 如何种植再生稻？

再生稻是利用一定的栽培技术使头季稻收割后稻桩上的休眠芽萌发生长成穗而收割的一季水稻。因为是在头季稻的基础上有一季再生稻，比单季稻一般需要的积温要多一些。种植再生稻的地区要有足够的热量，积温一般为 ≥10 ℃ 积温在 5 150～5 300 ℃。

（1）选用优良品种（组合）

实践证明，选用优良品种（组合）是再生稻获得成功的前提。选用优良的再生稻品种（组合）应该具备以下条件：

① 再生力强。即要求在头季稻收割后的潜伏芽再生力强，再生芽成活率高，发苗多、产量高。

② 头季稻产量高，品质好。即要求头季稻

的产量和品质都比较理想，这样才利于两季都高产高效。

③稳产性好，适应性强。优良的再生稻品种（组合）还要有较强的适应性，能够适应生产地的气候、土壤、耕作制度等条件，既能充分利用自然资源，又能确保再生稻安全齐穗。

一般说来，生产上表现优异、穗型较大的杂交稻和常规稻均可作为再生稻的备选品种（组合）。因为穗型较大的品种（组合）个体较大，群体比较适中，对田间的通透性较好。

（2）种好头季稻

头季早稻是再生稻的基础，它对再生稻的影响很大。要通过应用高产技术，首先夺取头季稻高产，建立合理的高产群体结构。由于再生稻是由头季稻桩上的潜伏芽萌发生长发育而成的，健壮的植株才有利于再生稻芽的萌发生长。

①适时早播促早穗。头季稻适时早播，不仅可以使头季稻趋利避害，抽穗扬花在高温伏旱前进行，形成合理的高产群体结构，提高单产，而且也是促使再生稻躲过秋风秋雨早抽穗扬花，提高结实率，达到高产稳产的重要手段。生产者

应该根据当地的具体情况，在安全播种期内按照技术要求提早播种。

② 肥水促控，防治病虫。按照土地养分和水源状况，结合品种特性搞好配方施肥、浅水管理、防治病虫，特别是稻瘟病、纹枯病、二化螟、三化螟、稻飞虱、稻纵卷叶螟等病虫害。这样，既可使头季稻长势健壮，后期熟色正常，提高头季稻产量，又可促进再生稻发苗，夺取再生稻高产。

③ 主攻头季稻多穗。头季稻单位面积的有效穗是再生稻发苗的基数，直接决定着发苗的多少和再生稻单位面积的有效穗数。再生稻的有效穗数直接决定再生稻的产量，根据湖南等地资料，再生稻1万有效穗可构成10千克左右产量，要达到亩产200千克产量水平，则头季稻每亩的有效穗应达18万～20万，割后母茎成活率80%以上，再生率200%，再生苗30万，成穗25万以上，结实率达80%以上。因此，在栽培上要争取相应的配套技术，争取中稻多穗大穗。

④ 选好田块，早施重放促芽肥。田块的选择应在施促芽肥前进行，要求选择全田植株正

常、茎秆健壮、无倒伏、无重大病虫危害、收期适中、再生芽大而且有活力、水源较好的田块。促芽肥是促进再生芽萌发生长的肥料，早施、施足促芽肥，可提前制造剩余养分，保持中稻后期根系活力和叶片功能，使稻株不早衰、再生芽健壮，有明显的促芽和增产作用。湖南的资料表明，再生稻50千克产量需尿素5千克，要达到亩产200千克，需施尿素20千克作促芽肥。在头季穗齐穗后10～15天，亩施尿素15～20千克、磷肥3千克，并配合钾肥直接均匀撒施；头季长势旺盛和肥田少施，相反，则早施多施。

⑤ 适时收割。在不影响落粒的前提下，适当推迟收获期，对再生芽萌发效果有积极的促进作用。如果头季稻能完全成熟，田边再生芽伸出叶鞘达1～2厘米，全田50%的窝数再生芽伸出叶鞘，则对后季再生稻早生快发有着明显的效果。

⑥ 高留稻桩。头季稻茎秆的倒2节、倒3节位芽产生的穗子是再生稻产量构成70%以上的基础。而倒4节位以上芽的穗子只占不到30%。在头季稻收割时，如果要保住倒2节、倒3节的芽，必须抢在晴天在距保留芽的上部5厘

米左右处收割。

⑦ 化调促芽。在施促芽肥当天露水干后，每亩用九二〇 2 克，兑水 50 千克喷施叶面，既可促进头季稻提早成熟，又可促进再生稻萌发，产量作用十分明显。

⑧ 加强管理。在施促芽肥前调整好水层，使追肥后能自然落干，促使湿润状态下收割头季稻，头季稻收割时如遇晴天，应浇水，促芽萌发，收后立即扶正稻桩，并及时灌水保持水层，头季稻收后 7～10 天再看苗亩补施尿素 2～3 千克。

16. 种植水稻哪些环节适合机械化操作？

种植水稻劳动强度大，特别是插秧、管理和收获等环节。如果用机械代替人工，既可节省人工，也可节省生产资料投入。

（1）机械直播

将稻种以直播的方式播入稻田，给水稻提供生长发育条件，获得高产的一种生产方式。按照其播种方式分别有机械条播和机械穴播两种方式。穴播所播的种子呈穴状，穴与穴有一定的穴距；条播则没有穴距，种子之间按不同距离，整体呈条状分布。按照对田间的水分要求，有水直播和旱直播两种方式。水直播是将稻种用机械直播在耕整过的水田里，旱直播是将稻种直播在旱田里。从已有的实践看来，水直播的稻种因为有水和泥的保护，效果优于旱直播。

（2）机械插秧

先将水稻种子在秧盘上育好一定秧龄和规格的秧苗，再装运在插秧机上，通过插秧机移栽到大田。由于机械对秧苗的规格要求远高于人工操作，对秧苗的高度、带泥量及秧苗的整齐度等方面要求较高，否则影响机械优势的发挥。目前推荐的主要是"软盘育秧，定量播种，精细管理，防治病虫，适时移栽，化学调控"的技术方法。其核心原则是农机与农艺的配套。以农艺的特点改进农机，以农机的设计特点调整农艺。如长江中下游平原稻区的中稻机械插秧多采用中小苗带土移栽，要求秧龄三叶一心至四叶一心，苗高15～20厘米，茎基宽不小于0.5厘米，每株根数15～20条。

（3）机械管理

将水稻移栽到大田之后，对于原来需要人工的田间作业用机械进行替代。主要表现在病虫防治作业等内容。与人工作业相比，机械（特别是动力机械）作业的效率高，单位面积的成本低，药物的颗粒雾化效果好，防治的速度快，但是防治效果也有所不同。主要表现为，人工动力的普通植保机械药物颗粒较大，沉降效果较好，对于水稻植株中下部的效果较好。因此，应用汽油等动力机械进行药物防治作业时，要尽量与当地农业部门病虫预测预报结合起来，在最适宜的时段内将病虫防治工作落实。

（4）机械收获

用机械对成熟水稻进行收割、脱粒等作业。视作业机械的自动化程度不同，有的机械还包括秸秆粉碎（还田）、收获稻谷的初选等内容。

17. 机械插秧应注意什么问题？

机械插秧是指利用插秧机进行插秧作业以代替手工插秧的一种水稻机械化种植技术。它是实现水稻生产机械化的主要环节，有助于扩大经营规模、提高劳动生产率、降低生产成本。其优点主要体现在：效率高，劳动强度低。一台东洋PF455S手扶式插秧机每天可以插秧1.5公顷以上，比人工插秧提高工效10倍以上，减轻了农民劳动强度。产量高，效益高。机插秧株行距一致，深度一致，生长均匀，管理方便，具有良好的增产效果。一般比人工栽插增产5%以上。在大面积作业情况下，插秧成本大大低于人工手插，特别是在用工紧张、耗时长、插秧工资高的情况下，机械插秧是一种非常经济、省力的措施。

机械插秧是一种先进的种植技术，在地势平坦、田块面积较大，人均负担面积较大，要求栽插时间一致，集约化或规模化生产区域特别适用。对于地势起伏较大、田块面积较小、人均负担面积小、栽插时间不集中、分户作业的地方，由于辅助工作较多，应用有一定的难度。

应用机械插秧应注意三点：

（1）适龄秧苗的培育

由于不同的机械对秧苗的要求不同，需要结合机械的要求，配套培育秧苗，实行农艺与农机配套，充分发挥机械化插秧的优势。

（2）起秧和装秧技术

起秧时少伤根，装秧要整齐、平顺，严禁斜装、倒装，否则直接影响作业质量和效率。

（3）提高整地与机插质量

大田要求做到肥匀、泥软、田平、水深要适宜。严防漂秧、伤秧和漏插。

（4）加强水肥管理和病虫防治

机插秧的分蘖相对偏迟，要根据水稻生长情况，实行浅水管理，适度加大基肥（面肥）中速效氮肥的用量，早施分蘖肥促进早发分蘖，注意施用穗肥，争取穗多、穗大，及时防治病虫害，以达到机插水稻高产、优质、高效的效果。

18. **机械化收割应注意什么问题？**

水稻机械化收割，①可有效把握农时，提高效率。如南靖龙江—90 型、湖南 4L—60 型、久保田 3250 型收割机 1 小时能收割 4～7 亩地，效率可达人工镰割的 30 倍以上，特别适宜水稻收割季节，对于多熟制地区的合理安排下茬作物，促进全年丰收，有着积极的作用。②提高品质。机械收割的稻谷杂质少，特别是能一次性完成收割、脱粒的收割机，避免人工收割过程中的混杂，提高稻谷的净度，还能减轻劳动强度，节约成本，提高效率。③有利于稻秆还田，保持地力，实施"沃土计划"。④经济收益和社会效益显著，促进农业增效。

机械化收割主要适宜于交通方便、地势比较平坦、适应机械运动的稻区（如平原、地势平缓的丘陵）。对于交通不便，地势陡峭，面积较小的稻田（如山地稻田），则应用难度较大。

在栽培上，要注意品种的选择，水肥调控和病虫防治。一是注意品种生育期要保持一致，种植生育期基本一致的品种才有利于机械化优势的发挥。二是要防止水稻倒伏，因为倒伏的水稻不利于机械作业，这就要注意水肥调控和病虫防治。

19. 免耕直播种植水稻关键环节是什么？

免耕直播种植水稻是在收获上一季作物后，

稻田未经任何翻耕犁耙，先使用灭生性除草剂灭除杂草和落粒谷的幼苗，催枯稻桩，灌深水沤田，然后施足基肥，待水层自然落干后，将水稻种子直接播种到大田，进行水稻生产的一种方式。免耕直播种植水稻主要优点是：①省工、省力，生产率高。免耕直播种植水稻省去了育苗和大田移栽过程，降低了劳动强度，节省了大量人工，提高了劳动生产率。②节本增效，便于生产规模化。不需要占用田块育秧，提高了土地利用率，节省用工和肥料投入，降低了生产成本，投入产出率增高。

免耕直播的缺点：①出苗率低，播种量大。受耕地、温度、降水的影响，易造成烂芽、烂秧、缺苗，从而水稻密度不能保证，影响产量。②草害防除难度大。大田未经翻整，杂草与稻苗同生同长，而杂草种类繁多，增加了防治难度，易造成草害。③抗倒性较移栽稻差。免耕直播稻根系和分蘖节入土浅，根冠比例不协调，后期容易造成倒伏。

免耕直播种植水稻关键要把握 4 个环节：

（1）良种选择

要求所选品种高产稳产，抗倒抗逆能力强，

适宜当地种植。

（2）**保证全苗**

适当整平田地，选择适宜播期、播量，配合含有保水剂的水稻包衣剂（如江苏扬州研制的"旱育保姆"等同类产品）拌种后播种。精细操作，促进种子扎根立苗。

（3）**安全除草**

精选稻种，播前大田灭草，播后苗期除草。大田杂草要采用化学防治和人工拔除的措施，做到防除彻底。防除杂草每亩可用扫弗特除草剂 4 小包，兑水 60 千克均匀喷洒全田；5～6 叶期如发生稗草，可排干水层，用神锄 30 克/亩兑水 45 千克喷雾防除。

（4）**防止倒伏**

合理水肥管理，采用促前、稳中、攻后的措施，促进发根、扎根、壮秆，提高防倒能力。

20. 水稻栽培密度、插本和基本苗以多少为宜？

水稻的产量构成中最容易调控、对产量影响

最大的经济性状是单位面积穗数，穗数与栽培密度、插本、基本苗有密切关系。

合理的种植密度是水稻获得优质高产的重要前提，适宜密度能协调水稻单株和群体结构，改善田间温光条件，有利于促进有机物质的累积，最终获得高产。水稻的适宜栽培密度应根据品种类型、地力条件、育秧方式和管理技术等综合考虑。

合理的株行距不仅能使个体（单株）健壮生长，而且能促进群体合理。水稻是高分蘖作物，其分蘖数量因环境条件而差异很大。高密度栽培时分蘖很少，甚至可能不产生分蘖；如果密度较小，每株水稻有足够的空间，再有相应的肥水条件，一般每株水稻可产生十几甚至几十个分蘖。因此，在水稻栽培中，应根据当地气候和土壤等生产条件合理安排，如果水稻栽培的基本苗数过少，势必要靠增施氮肥来促进分蘖，从而达到有效穗数。一般来说，加大氮肥的施用量，会增加稻米中蛋白质的含量，但由此也减低了稻米的食味品质；过度强调稀植，既不利于保证产量，又不利于生产优质的食味稻米。

由于我国幅员广大，气候条件和土壤条件差

异很大，大面积水稻栽培应根据各地的具体情况在基本插秧密度的基础上做出相应的调整。在插秧时，北部地区要适当增加插秧密度，南部地区要适当减少插秧密度；秧苗素质好，插秧密度可适当小些，秧苗素质差，插秧密度可适当大些；早插秧可稀一些，迟插秧可密一些；土壤肥力高，施肥量足的地块，插秧密度宜少些，反之宜大些；育大苗可少些，小苗则应大些。

由于各地的水稻生态环境不同，这些指标难以统一。一般情况下，生育期较长的杂交稻、大穗型品种、旱育秧、肥力中偏上的田块，栽插密度偏稀，一般每亩大田栽插 1.2 万～1.5 万穴，每穴插 2～3 苗；生育期较短的常规稻、穗数型品种、水育秧、肥力中偏下的田块，栽插密度要大，一般每亩大田栽插 1.8 万～2.5 万穴，每穴插 3～5 苗。杂交稻的基本苗要达到每亩 4 万～5万，常规稻要达到每亩 7 万～10 万。

21. 怎样进行水分管理？

稻田水分管理是水稻生产的一个主要因素，

应通过灌溉排水技术，合理利用降水量、渗漏量、田面蒸发量，调节温度、肥力和通气性。

水稻生育期合理灌溉的原则是：深水返青，浅水分蘖，有水孕穗，干干湿湿管到老。

(1) 深水返青

秧苗移栽后水深一般以 3～5 厘米为宜，以防生理失水，减少死苗。

(2) 浅水分蘖

一般以保持 1.5 厘米深的浅水层为宜，并要做到"后水不见前水"，有利于协调土壤中水、肥、气、热的矛盾。

(3) 有水孕穗

水稻稻穗形成期间，是水稻一生中需水量最多的时期，对水分的反应非常敏感。因此，水稻孕穗到抽穗期间一定要保持田间有 3 厘米左右水层，以保花增粒。此时缺水，就会造成颖花退化，穗短，粒少，空秕率增加。

(4) 干湿壮籽

水稻抽穗扬花以后茎叶不再伸长，颖花发育完成，禾苗需水量减少。为了增加田间通透性，减少病害发生，提高根系活力，防止叶片早衰，促进茎秆健壮，应采取"干湿交替，以湿为主"的水分管理方法，即进入灌浆期后将田间先灌上一层 3 厘米深的水层，待其自然落干现泥，再酌情灌一层浅水。如此反复，以期达到以水调气，以气养根，以根保叶，以叶壮籽的目的。

稻田灌水还应注意水源条件。如果水源较活、水温适中，不是冷浸水源（如山泉水、水库水等），可以用前面的方法。如果水源不活，则可采取有水源时灌水让其能够保证水稻生育需要；如果水温较低，则应注意灌水时的水温与气温不要相差太大，尽量避免在气温较高时冷凉入田，以免对水稻造成生理影响。

22. 早春季节怎样保住有限的水源？

"春雨贵如油""雨生百谷"，这两句农谚反映了早春季节雨水对农业的重要性。早春季节气温逐渐升高，正值水稻育秧和稻田耕整，需水量较大，然而由于南进的暖湿气流尚未形成气候，难以提供足量的降水，因此如何利用有限的水源就成了一个十分重要的问题。若采取措施，减缓其从田间渗透，则是一项非常有效的节水措施。

结合生产实践，下列措施能有效达到上述目的：在育秧和插秧前，在田的内侧沿着田埂翻耕宽度 20 厘米左右的稻田，人工（或畜力）将其拌融，用产生的一层稀泥，糊上田埂，将经过秋冬干旱（或旱作）形成的土壤裂缝、虫孔堵上，然后用木锨将泥压紧田埂，直至整块地四周都盖紧稀泥。这样能够有效减少田埂的渗水孔隙，保住有限的水资源。在早春缺水严重、水源特别紧张的地区，如果在糊田埂的过程中加入一层塑膜，利用塑膜和稀泥配合防止侧漏，效果会更佳。

23. 稻田的行向应如何确定？

稻田的行向一般东西行向优于南北行向。东西行向的优点主要表现在：有效改善稻株的受光状态，提高了光合效率；有利于稻田水温和地温的提高，改善田间小气候，促进稻株生长发育；

改善通风透光条件，降低田间湿度，减轻病虫害发生；在一定程度上能加大昼夜温差，有利于干物质的积累。

然而，在山区南北走向的某些山槽稻田，由于两边地形十分陡峭，稻田的日照时间十分有限，应以顺槽为宜。这是因为，此时的东西向已经意义不大，而顺槽向可以利用良好的通风条件，增加田间的二氧化碳浓度，降低田间湿度，减轻病虫害的影响。

24. 水稻旱种需注意什么问题？

水稻旱种，一般是苗期在旱地条件下生长，中后期利用雨水和适当灌溉满足植株需水要求的一种栽培方法。水稻旱种以后，由于生长环境发生改变，水稻植株的生长发育明显表现出旱地植株的一些特点。如苗期植株小于水田的植株、白根多、根的分布多、根毛多、根较细，则抗旱能力较强。生产上的特点是改水整地为旱整地或免耕，节约用水；改育秧移栽为旱地直播，简化田间操作工序；改水层管理为无水层管理，增强植株抗旱性。

相对于稻田，旱地种植水稻有一些新的问题，比较突出的问题是难以一次播种达到苗全、苗齐、苗壮；水稻旱种杂草容易滋长，而且种类多，危害重；病虫害等问题。

参考各地水稻旱种栽培试验，生产中需要把握以下环节：

（1）品种选择

选择合适品种是水稻旱种成败的前提。水稻旱种要求品种具有：耐旱力强，在比较干旱的条件下能维持正常的生长；出苗能力强，即种芽的顶土力强，一般选择籽粒大、芽鞘粗的品种；丰产性好、抗病性强，即要求分蘖成穗率高，穗粒数较多，结实率高；生育期要适中，要选择早熟品种，以确保适时播种安全成熟。

（2）选地整地

水稻旱种前期是靠自然墒情出苗，苗情好坏与土壤状况和整地质量有很大关系。宜选择盐碱度低、平坦肥沃、有浇灌条件的地块，切忌在全旱地进行旱种。整地时要求土壤细耙、细整，做到没有土坷拉，清除宿根性杂草。为方便以后行走作业，可以开沟作畦，畦宽约 2 米，沟宽约 20 厘米。

（3）精细播种

播前种子应采用晒种、药剂浸种、催芽、种子包衣等方法处理种子，可以增强种子活力，提高发芽率和发芽势，预防稻瘟病与地下害虫等。播种期要根据品种的生育期、作物的茬口、当地温度等方面来确定。对于早稻而言，播期偏早，温度偏低，稻种不易发芽，成苗率低；晚播则会影响后茬作物生产。播量适宜，才能达到水稻高产稳产的群体。一般情况下，常规品种播量 8～10 千克/亩，杂交稻播量 3～4 千克/亩，具体播量还要视地力而酌情增减。目前，播种方式有撒播、条播、点播等 3 种。播种深度一般以 1.5～2 厘米为宜，播种过深，会影响种子出苗，浅了会失墒，造成干芽，导致死芽。只有播种适时适量、深度适宜，方能恰到好处。对于沙性土壤，播后盖土镇压可使土块破碎和田面平整，促使种子与土壤接触紧密，以利于种子吸水出芽、齐苗。

（4）补苗除草

出苗后针对田间苗情，要适时查漏补缺。补

栽苗时尽量少伤苗根，适当多带土，栽后浇定根水，以提高其成活率。水稻旱种杂草容易滋生、危害重，若不加以重视，就会产生草荒，因此防除杂草是很重要的一环。根据杂草在水稻各生育阶段的状况，必须分别采取各种有效措施阻止杂草滋生，才能达到有效控制。旱种水稻杂草的防除策略要以化学除草为主，人工拔除为辅。根据杂草情况，准确把握除草时间，要求做到"三除"，即除早、除小、除净。除草剂一般选择具有广谱性的药剂，能防除多种杂草。

（5）水肥管理

肥水促控是水稻旱种的关键环节。基肥除了施用化肥外，要适量施用农家肥。施肥原则是以前期重施为主，中后期看苗及时补肥和叶面追肥，防止早衰。浇水应该做到前水不见后水，见湿不见干，干湿交替，保证水稻分蘖、拔节、孕穗、抽穗、灌浆等环节的需要。

（6）病虫鼠害防治

水稻旱种，病虫害的防治与移栽田基本相同，但是鼠害发生的趋势偏重，要加强监测，及时防治。

（7）适时收获

成熟后要及时收获，以免倒伏，造成收获困难甚至减产。

25. 如何进行水稻控苗？

水稻密度过大，会造成田间过于荫蔽，不利于秧苗个体发育，加重病虫危害，植株抗倒性能差，严重减产；密度过小，因有效穗数不足，产量无法提高，甚至会严重影响产量。因此，控制适宜的苗数是水稻高产栽培的一项重要措施。控苗就是要控制无效分蘖，争取有效分蘖，促使有效穗数控制在合适的范围之内。

控苗措施：

（1）农业措施

一是肥料调控，合理施肥。即控氮、增磷钾、补锌肥，采用"前促、中控"施肥控苗。二是水分调控，按照水源条件可以分为晒田和灌深水两种措施。在水源较活的条件下，在当田间苗数达到预期穗数的90%时，适度排水晒田，控制无效分蘖，幼穗分化时结束晒田。晒田可起到提高稻田通透性，促进好气性微生物活动，促进养分分解和根系发育，降低田间湿度，减轻病虫害等多项作用。晒田要遵循的原则是，肥田重晒，瘦田轻晒；苗旺重晒，苗弱轻晒。在水源不太活的条件下，可以采用灌深水控苗，即当苗数达到待控指标时，采用灌深水的方法，将水稻田适度深灌，亦能对秧苗分蘖起到一定抑制效果。应当说明的是，灌深水控苗，田间湿度较大，对病虫害发生有利，要注意防治。对于水源不太活的稻田，其水分控苗要因田制宜，不能一刀切。

（2）化学措施

当达到有效穗数的 90% 左右时喷施 2，4 - D 或烯效唑、多效唑控苗，亦有一定效果，但要控制用药量，防止因控苗过度引起生育期延长。

26. 如何防止低温对水稻的影响？

水稻一生对水的需求量较大。但是，长期淹水也会对水稻生长产生负面影响，如降低田间泥温、降低水稻土的氧化还原电位、产生硫化氢等有毒物质等。因此，人们总结出"有水插秧、浅水分蘖、足苗晒田、深水孕穗、干干湿湿管到老"的水分管理模式。应该说明，这一模式是农业科学家和技术人员的智慧结晶，对水稻生产还是起到了积极的促进作用的。但是，这一切都是在水源有保证的前提下进行的。如果没有水源条件，上述模式就很难落实。基于这一观点，我们在确定稻田灌溉原则时必须首先了解当地的水源情况。

如果生产地的水源条件比较好，排灌方便，且灌溉水的温度也不是水库、山泉等冷凉水，那就可以完全按照"有水插秧、浅水分蘖、足苗晒田、深水孕穗、干干湿湿管到老"的模式对当地的稻田进行管理。如果当地的水源比较好、能灌能排，但其水源主要是水库、山泉等冷凉水，则灌水就要尽量按照灌溉时的水温与当时的气温差距最小的原则来进行，也就是灌溉冷凉水的时间尽量安排在一天气温最低的时间，这样对秧苗的影响最小。如果生产地的水源条件比较差（如山区或者降水量比较少的稻区），就不能够照搬"有水插秧、浅水分蘖、足苗晒田、深水孕穗、干干湿湿管到老"的管理模式。此时必须首先保证水稻的正常生长发育，完成水稻的生长周期。这就要因地制宜，且不能照搬教条，否则就会带来不必要的损失。

水稻是喜温作物，低温对水稻有明显的影响。低温常伴随连阴雨、寡照、干旱等不利气象条件，则加重了其影响程度。低温冷害主要有两种：一是苗期低温，如双季早稻的低温冷害。3～4月是一些地区双季早稻和迟熟中稻的播种育秧期，常遇低温加连阴雨的灾害性天气，是造成烂秧死苗的主要原因。二是后期低温，如双季晚稻的低温冷害。一些地区双季晚稻的抽穗扬花期易遭受"寒露风"危害，造成"翘穗头"。

防止低温措施：

(1) 调整播期

必须根据当地的气候规律，并有 80％以上的保证率，来确定水稻的安全播种期、安全齐穗期和安全成熟期，以避开低温冷害。用日平均气温稳定通过 10℃和 12℃的 80％保证日期，作为粳、籼稻无保温设施的安全播种期。采用旱育秧加薄膜覆盖保温措施，则双季早稻播种期可提早一周。双季晚稻播种期的确定要以保证避开"寒露风"危害为原则，再根据早稻的腾茬时间、品种特性和秧龄综合确定，尽可能早播早栽。

（2）选用耐低温良种

不同品种的耐低温性有明显差异，一般是粳稻耐低温性强于籼稻；在同一类型的水稻中，也有某些品种的耐低温性能较强，可供选择。晚稻以粳稻品种为主，重点是开花灌浆期抗冷性强。

（3）培育壮秧

在同期播种的情况下，不同的育秧方式和播种量培育出的秧苗素质和抗冷性差异很大。旱育壮秧在插秧后具有较强的抗冷能力，能早生快发，提早齐穗。旱育的壮秧不仅能防御秧苗期冷害，而且也能有效防御出穗后的延迟型冷害。在秧田施肥上采用适氮高磷钾的方法，即适当控制氮肥用量，少施速效氮肥，施足磷、钾肥。这种磷、钾含量高的壮秧，不仅抗寒力强，而且栽插到冷浸田中也不致因磷、钾吸收不良而发病。

（4）合理施肥

施肥制度明显影响水稻的生育进程。为防晚稻后期低温冷害，在施肥上采取促早发施肥，在施肥水平较高的稻田,基肥:分蘖肥:孕穗肥的比例为 4:3:3,蘖肥还可提早作面肥施;施肥水平较低的稻田,肥料的施用以全部作基肥或留少量作分蘖肥,均能促进早期的营养生长,提早齐穗和成熟。若施肥过迟,很容易出现因抽穗延迟而发生冷害。若将磷钾肥与有机肥腐熟后施用,另配上锌肥(每亩施用 1.5 千克左右)也能起到促进秧苗早发、防御冷害的效果。

(5)以水防害

水的比热大,汽化热高和热传导性低,在遇低温冷害时,可以水调温,改善田间小气候。有关资料表明,在气温低于 17 ℃的自然条件下,采用夜灌河水的办法,可使夜间稻株中部(幼穗处)的气温比对照高 0.6~1.9 ℃,对减数分裂期和抽穗期冷害都有一定的防御效果,结实率可提高 5.4%~15.4%;秧苗一叶一心时,经 0 ℃处理 2~3 小时或 0~5 ℃处理 5~7 天,凡有水层保护的处理在恢复常温后都没有发生冷害症状。秧苗期遇到 10~12 ℃低温时,只要灌薄水就可以防御冷害。当气温为 5 ℃时,灌水深度以叶尖露出水面为宜。在连续低温危害时,每隔

2～3天更换田水一次，以补充水中氧气，天气转暖后逐渐排除田水。双季晚稻抽穗期间遇低温，应及时采取灌深水护根，效果较好。据试验观察，9月下旬在气温16℃的情况下，田间灌水4～10厘米，比不灌水的土温提高3℃左右，可促进晚稻提早抽穗。

（6）药物处理

据研究，在水稻开花期发生冷害时喷施各种化学药物和肥料，如九二〇、硼砂、萘乙酸、激动素、2，4-D、尿素、过磷酸钙和氯化钾等，都有一定的防御效果。原广西农学院研究表明，喷施30毫克/千克的九二〇或与2.0%的过磷酸钙液混合喷施，在发生冷害时可减少空瘪率5%左右，减少瘪粒率5%～8%。另外，喷施叶面保温剂（如长风Ⅲ号等），在秧苗期、减数分裂期及开花灌浆期防御冷害都具有良好的效果。有关试验显示，水稻开花期遇17.5℃低温5天，喷洒保温剂的空瘪率比对照减少5%～13%。

（7）采用水稻全层覆膜栽培技术

此技术由湖北省十堰市农业技术部门首创。其主要特点：将稻田做成厢，重施有机肥和底

肥；厢面无水，厢沟保持水层，塑料薄膜（厚度
≤0.005 毫米）平铺于厢面，将水稻种植于厢面
上。这种技术在海拔较高、气温较低的地方应
用，能显著提高膜下泥温，增加水稻生育期的有
效积温，起到抗寒、增产、增效的作用。据资
料，此技术每亩需要微膜 40 元（3.3 千克），但
增产达 140 千克稻谷，效益显著。

27. 怎样避开高温对水稻栽培的影响？

水稻抽穗扬花期、灌浆期高温对水稻发育的
反应比较强烈，影响水稻花粉母细胞发育，降低
花粉活力。使水稻不能正常受精，形成空壳，也
可影响水稻灌浆速率，造成高温逼熟，形成大量
的空秕粒。2003 年和 2004 年长江中下游中稻曾
造成巨大的损失。调整播种期，使水稻对高温最
敏感的时期避开高温影响，是目前生产中一个常
用的方法，即在高温危害常发的地区，在确保水
稻安全、正常生长的前提下（以当地多年气象资
料 80％的保证率为依据），调整其播种期，使水

稻的抽穗、扬花期避开当地的温度最高时段（以当地多年气象资料 80% 的保证率为依据），其他管理相似。

应当指出，调整播种期需要兼顾水稻前茬及后茬的作物生产，才能实现全年高产。

28. 怎样御防风害对水稻的影响？

水稻风害主要是指倒伏，这在水稻灌浆的中后期较易出现。这一时期是水稻产量形成的重要时期，倒伏的水稻会使光合性状变劣，病虫鼠害加重，危害严重时可造成减产 50%，并且对米质的影响很大。

主要预防措施：

（1）选用抗倒伏品种

在水稻灌浆中后期易出现大风的地区，尤其要注意选用抗倒伏品种。一般来讲，植株较矮、茎秆较粗、抗倒伏能力较强的品种比较合适。

（2）合理用肥

后期氮肥用量过多会出现稻株贪青，营养器官继续生长，极易出现倒伏。配方施肥和浅水勤灌均有助于增强水稻的抗风能力。

水稻是草本植物，品种选用和栽培措施虽能取得一定的成效，但在大风的情况下依然容易出现倒伏。在风大的地区宜采用相应的设施栽培技术，或建造防风林带，让狂风经过稻田之前降低风速，减轻对水稻的危害。

29. 水稻健身栽培的关键环节是什么？

水稻健身栽培，即通过选择适宜播期，加强种子处理，培育适龄壮秧，合理密植，科学水肥管理，综合防治等措施，协调好水稻群体和个体关系，促进水稻稳健发育，充分发挥水稻的增产潜力，以达到水稻优质、高产、高效。

（1）合理安排播种期，培育无病虫壮秧

俗话说"插秧要好秧，秧好半年粮"，这说明秧苗素质的好坏对水稻高产稳产的重要性。要培育适龄壮秧，必须做到种子消毒，合理施用基肥，稀播育苗，及时炼苗。

（2）**合理密植，适时控苗**

基本苗数量直接影响水稻产量，合理密植则大大降低了稀插秧苗的分蘖压力。当田间苗数达到预期的 90％ 时，适时晒田控苗，减少无效分蘖，提高成穗率，时到不等苗，苗到不等时。

（3）**合理施肥**

按照农作物对肥料的要求，合理均衡施用肥料。采取前促、中控、后补的施肥方法，每亩一般用 10 千克尿素、5～7 千克氯化钾、50 千克磷肥和 800～1 200 千克腐熟农家肥（做基肥），移栽返青后按每亩 5～7 千克追施尿素，拔节期每亩追施3～4 千克尿素、氯化钾 3～4 千克，减轻因施肥不当而带来病虫害危害。具体施肥量还要视土壤肥力和植株生长状况而定。

（4）**科学管水**

大田移栽后要浅水灌溉，有水分蘖，及时晒田，足水孕穗，实行干湿交替的节水灌溉措施。

（5）**病虫害综合防治**

一是要加强健身栽培，促进秧苗健康生长，增强秧苗的自身抵抗能力；二是要加强监测，将防治对象的最佳防治时间及时传达到生产者；三是要积极预防，适时对症用药，做到时间准确、药剂对症、方法得当、喷药到位，将病虫害损失降至较低的幅度（一般不大于 5％）。

30. 如何确定水稻收割期？

适时收割有利于稻米优质和降低产量损失。收割过早，灌浆不充分，产量降低 20％以上，且米粒不饱满，垩白度高，米质差；收割过晚，水稻过熟，易造成落粒损失，且脱粒时稻谷易断裂、碎米多，品质下降。

水稻一般在谷粒 90％～95％达到黄熟，即 95％的稻谷显示该品种的固有色泽，仅有穗基部少数尚未完全黄化的淡绿色谷粒。

然而，水稻收割还应结合当地的气候条件。如果季节已经较迟，气温下降（如双季晚稻），如果死守上述指标，则会收割期过迟，增加收获时的损失，以至丰产不能丰收。应当适度提早收割，"宁可脱粒有浆（指有未完全成熟的谷粒），不可稻谷生秧（指收割后难有好天气晒干，以至于发芽生秧）"就是这个道理。

第三讲
合 理 施 肥

31. 不同肥力的土壤应该如何施肥？

水稻生长发育需要 17 种营养元素，它们是碳、氢、氧、氮、磷、钾、钙、镁、硫、硅、铜、锌、锰、硼、铁、钼、氯。其中，前 10 种元素的需要量较大，一般在植物体干组织中的含量在 103 毫克/千克以上，称为大量元素；后 7 种的需要量较少，一般在植物体干组织中的含量在 102 毫克/千克以下，称为微量元素。从生产角度，水稻用肥依其肥料的来源分为农家肥和商品肥，依有机质的有无又可分为有机肥和无机肥。

农家肥包括作物的秸秆、人粪尿、家畜粪尿和厩肥，各种堆沤肥料、沼气池肥、绿肥（包括青草等）、泥肥（塘泥，饼肥等）、灰肥（如草木灰）等。绝大多数农家肥都是有机肥（除草木灰外）。有机肥的营养比较全面。

有机肥多是前一季或多季的植物残体和动物排泄物，其营养成分远比商品化肥的养分全面。据了解，常见的商品化肥的营养元素多不过9种（以三元复混肥为例），而牲畜的粪肥、绿肥等所含营养元素的种类几乎包含了该动植物正常生长所需要的全部营养元素，远远超过了某种单一商品肥的营养元素种类。因而也有人戏称农家肥是比复合肥（指氮、磷、钾三元素复合肥）还要"复合"的"高级"复合肥。

有机肥的肥效期长。据调查，一般的厩肥（如牲畜的粪肥）、堆肥、塘泥乃至作物秸秆的肥效不仅可以维持到水稻的全生育期，并且还有部分养分留存于土壤中，对下一季作物有一定效果，即不仅当季有效，而且下季还有效。这也表明，只有重视农家肥，多施有机肥，才能使用地和养地相结合，使土壤越种越肥。

有机肥还有来源广泛、货币成本低的优点，这也是十分符合我国国情的。

由于农家肥中某种元素的有效成分一般较

低，而且迟效养分的比重大，因而施用量比较大。

商品化肥包括各种利用工业手段生产出来的化学肥料。依其有效成分划分，大量元素肥料中主要有氮素化肥、磷肥、钾肥、复合肥（包括氮磷复合肥，氮磷钾复合肥等），微量元素肥料中主要有锌肥、硼肥、锌肥、钼肥等。

商品化肥也有自己的特点。一是有效成分含量高。如尿素的含氮量是人粪含氮量的 40 倍，过磷酸钙的含磷量是人粪的 20 倍以上，氯化钾是人粪的 150 倍以上。二是速效。如尿素施入中稻田 2 天以后就可以表现出肥效，7～10 天可达到高峰；氯化钾亦是水溶性肥料，施入土壤中可很快溶解于土壤溶液中；磷肥在未被土壤固定前的显效期也要比一般的农家肥早得多。三是易损失。硝态氮肥（如硝酸铵）施入稻田易流失和反硝化脱氮；尿素施入稻田的氧化层（即稻田的土壤表层）亦会因为分解成碳铵，通过反硝化作用脱氮，造成氮素的损失；磷肥若直接与土壤接触，会产生各种固定与交换吸附作用，使磷酸盐的溶解度变小，从而降低磷肥的肥效；钾肥的溶解性能好,施用后若稻田水分流失,亦会损失。

由于商品化肥的有效成分含量高、速效,在生产中使用量均小于农家肥。当然,施用商品化肥也得付出一定的货币成本。

分析了农家肥和商品化肥的特点,在生产中就要扬长避短,充分利用二者的优点,而避免二者的缺点。在生产中,一般多将农家肥做底肥,利用其营养全面、肥效期长的特点为作物提供廉价的全价营养;而将商品化肥中的速效特性根据需要有针对性施用(如氮素、钾素化肥用作追肥,磷肥用作底肥集中施用,钾肥亦可部分做底肥),按照作物的需肥特性提供充足的营养,从而达到人们的生产目的。

如果只用农家肥,则在作物的需肥高峰期不能提供充足的速效养料,难以达到高产;而只用商品化肥,则一是会大幅度增加生产成本,同时不利于地力的维护,土壤亦会越种越瘦,使土地这一人们赖以生存的基本生产条件逐渐变劣甚至丧失。

不同肥力的土壤施肥的要求是不一样的。如果土壤肥力较好,亦利于水稻的生长发育,则只需要常规农家肥和商品化肥配合施用,以农家肥和商品化肥中的磷钾肥做面肥(移栽前的耙田时施用),而速效氮肥主要用作追肥。如果土壤肥力整体较低,则应适当加大农家肥的使用量,培肥土壤,促进土壤肥力的提高。

在生产中,另外一个值得注意的问题是应考虑土壤肥力的不均衡性和根据种植水稻品种种类特别的要求进行施肥。这就要充分应用土壤普查和土壤肥力监测成果。如果是处于缺磷地带的土壤,则应增加磷肥的施用量。由于磷肥极易被土壤所固结,在使用时要尽量减少与土壤的接触面,宜集中施用或与有机肥堆沤、使磷肥表面附上一层胶质包被后施用。如西南稻区的一些农民将磷肥用于蘸秧根(处理前发酵过的磷肥用塑料盆或小栽秧船装载,插秧前将秧根在磷肥中蘸一下后再插入大田)或施球肥(将磷肥与有机肥制成球状,然后插入水稻的株穴间),亦是一种十分有效的方法。

我国土壤含钾量总的来说相对较多,但分布不均。总的趋势是由东到西、由南到北土壤含钾量逐渐增加,西南地区含钾较少,西北地区含钾量较多。就土类而言，广东、福建沿海平坦地的砖红壤含钾量最低；江西、湖南、浙江西部和湖北低丘陵分布的红壤以及江淮丘陵地黄棕壤含钾量中等；四川、湖南分布紫色土，山东、安徽、四川、甘肃、陕西分布的褐土含钾量较多，东北北部的黑土含钾量最高。如就全钾（K_2O）含量来分，凡是大于 2.2% 的属高含量，1.4%～2.2% 的属中量，1.4% 以下的属低量。土壤速效钾（K_2O）若大于 100 毫克/千克则为充足，51～100 毫克/千克为中等，31～50 毫克/千克为缺钾，小于 30 毫克/千克为极端缺钾。由于杂交水稻需钾量高于常规水稻，多年的杂交水稻种植加大了土壤钾素的消耗速度，尤其不能忽视，要注意补充。根据生产实践，在土壤速效钾（K_2O）含量大于 100 毫克/千克的情况下种植杂交稻仍可大胆使用氯化钾，只是用量酌减，一般亩用量7～10 千克。

在大量营养元素的三要素中，氮素营养的重要性是生产者最早认识的。施用氮素化肥也不能一概而论。如果土壤肥力好，水稻品种的耐肥一般（如穗数型品种），则要酌情施肥，施肥量不能太大；如果土壤肥力较差，而水稻品种的耐肥性能较好（如大穗型品种），则可适当加大施肥量。此外，施肥时还需要考虑土壤的保肥能力，才能科学决策。如沙土的保肥能力差，需要少量多次，黏土和有机质含量高的土壤保肥能力强，可适当增加一次肥料施用量。

32. 水稻栽培怎样使用缓控释肥？

缓控释肥广义上包括了缓释肥与控释肥两大类型。缓释肥，即通过化学的和生物的因素使肥料中的养分释放速率变慢。主要为缓效氮肥，也叫长效氮肥，一般在水中的溶解度很小。施入土壤后，在化学和生物因素的作用下，肥料逐渐分解，氮素缓慢释放，满足作物整个生长期对氮的需求。控释肥，即通过外表包膜的方式把水溶性肥料包在膜内，使养分缓慢释放。当包膜的肥料颗粒接触潮湿土壤时，土壤中的水分透过包膜渗透进入内部，使部分肥料溶解。肥料释放的速度取决于土壤的温度以及膜的厚度。温度越高，肥料的溶解速度及穿越膜的速度越快；膜越薄，渗透越快。根据成膜物质不同，分为非有机物包膜肥料、有机聚合物包膜肥料、热性树脂包膜肥料，其中有机聚合物包膜肥料是目前研究最多、效果最好的控释肥。缓释肥和控释肥都是比速效肥具有更长肥效的肥料，从这个意义上来说，缓释肥与控释肥之间没有严格的区别，但从控制养分释放速率的机制和效果来看，缓释肥和控释肥是有区别的。缓释肥在释放时受土壤酸碱度、微生物活动、土壤中水分含量、土壤类型及灌溉水量等许多外界因素的影响，肥料释放不均匀，养分释放速度和作物的营养需求不一定完全同步；同时，大部分为单体肥，以氮肥为主。而控释肥多为氮磷钾复合肥或再加上微量元素的全营养肥，施入土壤后，它的释放速度只受土壤温度的影响。但土壤温度对植物生长速度的影响也很大，在比较大的温度范围内，土壤温度升高，控释肥的释放速度加快，同时植物的生长速度加快，对肥料的需求也增加。因此，控释肥释放养分的速度与植物对养分的需求速度比较符合，能满足作物在不同生长阶段对养分的需求。

水稻栽培可选择高氮中磷中钾控释肥，对于

磷钾含量比较丰富地区或者习惯秸秆还田地区，磷钾的比例可适当降低。水稻缓控释肥推荐施用量：目标产量＜6 750 千克/公顷的常规优质稻，施肥量为 525～675 千克/公顷；目标产量6 750～9 000 千克/公顷的常规高产稻、杂交稻，施肥量为 675～825 千克/公顷；目标产量＞9 000 千克/公顷的超高产水稻，施肥量为 825～975 千克/公顷。各地使用时可根据目标产量、品种特性、土壤肥力状况等具体情况进行调整。该产品按推荐量作基肥一次施用后不再追肥，可以满足水稻整个生育期的营养需求。但是，在天气变化影响较大时（如施肥后短期内遇大暴雨，早春持续低温阴雨天气等）应适当补充追肥，稻田补充追施尿素 45～75 千克/公顷。肥料于移栽前、犁翻耙田后撒施，施肥后要求再耙 1～2 次，以达到全层施肥目的，充分发挥该产品的长效控释效果。对于砂质田以及保肥保水能力较差的稻田，建议分次施用，一般可以 60% 作基肥施用，其余肥料在移栽后 20～30 天施用。

要尽量反复均匀撒施，保障水稻植株群体供肥平衡；施肥前必须调节好田间水分，施肥后 3

天内避免排水，早稻移栽初期如遇低温天气，建议增加灌水量。对于产量超过 7500 千克/公顷的品种，建议分两次施用，70％～80％的肥料作基肥，其余在移栽后 30～40 天施用。

另外，还可以进行穴盘育苗。经过试验证明，水稻专用控释肥料完全可以与水稻种子混合后在穴盘中进行育苗，移栽到大田后不再施肥，完全可以保证水稻一生中养分所需，只是该技术只针对水稻专用缓控释肥，可根据肥料施用方法进行实际操作。

33. **怎样保持地力**？

要使土壤能够持续供给作物正常生长的肥力，必须使土壤流失的养分与外界补入的养分形成一个动态平衡。当土壤流失的养分低于外界补充的养分时，土壤养分含量会逐渐下降，直至肥力丧失；当补充的养分量大于土壤流失的养分量时，则土壤肥力会逐渐提高。按照计算，一般每生产 1000 千克稻谷需要 22 千克左右的氮素，8～12 千克的磷（P_2O_5），24 千克左右的钾

（K_2O）（杂交稻对氮和磷的吸收量略低，对钾的吸收量较高），如果在保证形成产量所需养分数量的前提下，再加上养分的损失量，则可以维持地力不下降。在施肥策略上，一定要采用农家肥与商品化肥相结合的方法，充分利用农家肥的营养全面和肥效期长、养地和商品化肥的浓度高、速效的特点，做到用地、养地两不误。

（1）根据不同肥料特性和特点施用肥料

常用的有机肥包括人畜粪尿、厩肥、堆肥、沤肥、作物秸秆、山草、绿肥、饼肥、沼肥和腐殖质肥料等。人畜粪尿和沼液为速效性肥料，其余均为迟效性肥料，各种有机肥料的养分含量和性质差别很大，在施用时必须注意：①各类有机肥料除直接还田的作物秸秆外，一般需要经过堆沤处理，使其充分腐熟之后才能施入土壤，特别是饼肥、鸡粪等高热量有机肥，以防烧苗。②人粪尿是含氮量较高的速效有机肥，适合做追肥施用。因其含有寄生虫卵和一些致病微生物，还含有1%左右的氯化钠（食盐），在施用前要经过无害化处理，而且要看作物施用，如在忌氯作物上施用过多，往往会导致品质下降，如使烟叶的烤烟品质下降和燃烧性变差，生姜的辣味变淡，瓜果的味道变酸等。另外，人粪尿中的有机质含量较低，不易在土壤中积累，磷、钾元素的含量也不足。因此，长期单一施用人粪尿的土壤必须配施一定量的厩肥、堆肥、沤肥等富含有机质的肥料，以保证土壤养分的平衡供应。③堆肥、沤肥、沼渣肥等含有大量的腐殖质，适合培肥土壤，但因其中还有大量尚未完全腐烂分解的有机物质，所以这些肥料宜做基肥施用，不宜做追肥施用。④作物秸秆和山草是一类高纤维含量的有机肥料，来源十分广泛。用秸秆或山草做肥料时，一是要提前施用，因为这些肥料分解的时间较长；二是要切断后施用，尽量增加微生物分解的作用面积，可以加快分解速度；三是要配合一定数量的鲜嫩绿肥或腐熟人粪尿施用，并在早期补充磷肥，以缩小碳氮比和满足微生物繁殖时的氮素之需，平衡其磷素营养；四是要同土壤充分混匀并保持充足的水分供应，因为微生物的分解需要一定的水分；五是土壤一次翻压秸秆或山草的数量不能太多，以免在分解时产生过量有机酸对作物根系造成危害；六是不能将病虫害严重或污染严重地带的作物秸秆或山草直接还田（可堆沤发酵后还田），以免造成病虫蔓延或土壤污染。⑤草木灰含有 5%～10% 的氧化钾，呈碱性，不能同腐熟的人粪尿、厩肥混合施用或贮藏，以免降低肥效。⑥泥炭（又称草炭或泥煤）富含有机质和腐殖质，但其酸度大，含有较高的活性铁和活性铝，分解程度较低，一般不直接作肥料施用，常用作基肥或牲畜的垫圈材料。腐殖酸类有机肥则广泛存在于埋藏较浅的风化煤、煤、煤矸石和碳质页岩（石煤）之中，在瘠薄的土壤中和禾本科作物上施用效果好。

（2）根据作物品种特性和生长规律用肥

不同作物所需养分不同，即使是水稻同一作物，对肥料还是有一定差别。如，杂交稻比常规稻需要更多的钾素营养。在制定有机农业培肥计划时，首先要明确所用有机肥源中 N、P、K 和中微量元素的含量情况，了解肥料的当季利用率和作物的需肥规律。在一般情况下，采用以氮定磷、定钾，再定中微量营养元素的配方施肥方法，有了足够的氮，磷、钾元素大多能满足作物生长的需要。如对于喜磷、喜钾作物，可配施一定数量的骨粉、磷矿粉、矿物钾肥、富钾绿肥或草木灰进行补充。作物对营养的最大利用期是在作物生长最快或营养生长和生殖生长并进的时期，这时作物需肥量大，对肥料的利用率高，此时要在施用基肥的基础上追肥，以保证作物对营养的需要。可采用迟效有机肥同速效有机肥相结合，基肥、追肥相结合的方法施肥。

（3）根据土壤性质施肥

土壤性质即土壤的物理性质和化学性质，包括土壤水分、温度、通气性、酸碱反应、土壤耕性、土壤的供肥、保肥能力以及土壤微生物状况。砂性土壤团粒结构差，吸附力弱，保肥能力差，但通气状况好，好气性微生物活动频繁，养分分解速度快，故施肥时要多施沼渣肥和土杂肥改良土壤结构，提高土壤的保肥能力。重土壤的通透性较差，微生物的活动较弱，养分分解速度慢，耕性差，但保肥能力强，故施肥时要多施切断的秸秆、山草和厩肥类、泥炭类有机肥料，改善土壤的通透状况，增加土壤的团粒结构，提高土壤对作物的供肥能力。强酸性土壤可适当施些石灰，强碱性土壤则可施些石膏粉或硫磺粉进行调节。稻田的土壤酸化在我国已有一定的代表性，应该在当地土肥技术人员的指导下，用石灰等碱性物质进行调剂。

（4）合理轮作间作

合理轮作间作可增加土壤的生物多样性，培肥地力，防止病虫草害的发生。如果同一块地连年种植同一种作物，就会造成同种代谢物质的积累或因某种养分的缺乏而产生"重茬病"。水旱轮作，可通过改变环境抑制一些专属杂草的生长，水稻与棉花轮作，可减轻棉花枯黄萎病的影响；水稻与瓜菜轮作，可以增加土壤有机质含量，培肥土壤。

（5）防止土壤污染

在有机农业土壤的培肥过程中，常见的土壤污染途径主要是施肥污染，水源污染，大气污染和土壤底值（亦称土壤背景值，是不受人为干扰情况下的土壤含盐量）中的有害重金属物质超标污染。在生产中要坚持不用未经无害化处理的人粪尿、城市垃圾和有害物质超标的矿物质肥料，不用污染水灌溉。最好选择远离城市，土壤有害物质底值不超标的地带发展有机农业，并设立隔离区防止污染。有机农业土壤培肥是一项复杂的技术问题，需要树立有机农业土壤的系统观和整体观，综合考虑肥料、作物、土壤等各种因素，树立"平衡施肥"的观念。只有统筹规划，用地养地相结合，才能在获得优质、高产和安全有机农产品的前提下保证土壤肥力的持久性。

34. 如何提高磷肥的利用率？

磷肥是一种在土壤中移动性较差的营养元素，它很容易被土壤固定。要提高磷肥的利用率，必须考虑磷肥的特点。提高磷肥利用率通常采用以下方法：

（1）集中施肥

就是把磷肥不同程度地集中施用。该方法可显著提高肥效，这是因为：集中深施可减少磷与土壤接触的数量，从而减少其固定作用；将磷肥适当集中在根系附近，大大地促进磷肥与根系的接触，被根系截获，提高根的吸收率；可局部提高磷的浓度（与同量磷肥相比），增加了质流和扩散的供应量。

通常集中施用所采取的方法是：①条施。把磷肥呈条、带状施入土中。②穴施。开穴施用，通常与种子穴播同时进行，以节约劳力，但应避免烧苗。水稻施磷用蘸秧根的办法效果很好。方法是把磷肥按 $1:1\sim1:5$ 的比例和有机肥或肥土混合，加水调成浆状，插秧时用秧根直接蘸磷肥后栽植，蘸秧根可以节磷肥 $40\%\sim60\%$，缺点是这种方法花工多。③拌种。与种子拌合，此法只适于非水溶性磷肥，但应注意对种子可能有伤害。

水田里磷肥撒施可以取得较好的效果，这是因为水稻根系分布较浅（在 $0\sim13$ 厘米内集中了 90% 的根重）的缘故。

(2) 水旱轮作条件下的磷肥施用

水旱轮作是水稻生产的主要轮作方式之一。通常是麦类、油菜或绿肥与单季稻或双季稻轮作。在水旱轮作中，土壤经历了交替淹水和落干的过程。水稻土由旱地条件转变到淹水条件时的土壤磷素转化，可导致土壤有效磷水平的提高。其原因：一是有机磷的释放；二是在石灰性土壤中，由于二氧化碳的积聚使土壤

pH 值降低，并由此引起磷盐溶解度增加；三是 $FePO_4 \cdot 2H_2O$ 还原为溶解度较大的 $Fe_3(PO_4)_2 \cdot 3H_2O$；四是在酸性和强酸性土壤中，随着 pH 值的升高，引起了 $FePO_4 \cdot 2H_2O$ 和 $AlPO_4 \cdot 2H_2O$ 的水解，从而增加了溶解度；五是有机阴离子与磷铁、磷酸铝中的磷酸离子进行交换而放出磷离子；六是在淹水条件下磷的扩散增加。

当然，并不是在任何情况下，上述原因都是同等重要的。通常，pH 值的变化以及氧化还原电位的降低，常常是更重要的原因。上述土壤在干湿交替条件下，土壤磷素的变化会对磷肥的肥效和后效产生影响。一个自然的推论是：施在旱作物上的磷肥，将对其后季作物水稻有较大的后效，而施在水稻上的磷肥，对后季旱作物的后效将是不大的。通常磷肥当季的利用率只有 8%～20%，也就是说有 80%～90% 的当季施的磷肥可留给后季作物利用。上述推论的重要实用意义就很明显。有关试验证明，在 8 种性质很不相同的土壤上（pH5.7～8.5），一个处理是把水旱两季所需的磷肥全部施在水稻上，另一个处理是把全部磷肥施在旱作物小麦上，后一处理的总产量（水稻和小麦）和总吸磷量都比前一处理高出一倍左右。

35. 施用农家肥有什么好处？

农家肥料指人和家畜的粪尿、腐烂沤熟的动、植物等，有机质异常丰富，其优点主要是来源广泛、成本低、肥效持久、营养全面，且不污染环境。

（1）来源广泛

人和家畜的粪、尿，以及草、农作物等的茎秆，把它们埋在土里，经过土壤微生物的作用，腐烂就可以变成肥料。

（2）成本低

农家肥基本都是在农村中就地取材、就地积制，货币成本很低。

（3）肥效持久

农家肥中大部分养分都以复杂的有机态形式存在，需经微生物转化分解才能释放出各种有效态养分供作物吸收，这个过程较慢，因此肥效持久。

（4）**营养全面**

农家肥料不但含有各种营养元素，而且含有各种有益的土壤微生物。

（5）**改良土壤**

农家肥能提高土壤的保肥能力，调节土壤pH值，使土壤酸碱性更适合作物生长；有机质含量高，能促进土壤团粒结构的形成，使土壤变得松软，改善土壤水分和空气条件，利于作物根系生长；提高地温，促进土壤中有益微生物的活动和繁殖等。

（6）**改善环境**

农家肥主要来自于土壤，大多是农副产品和生活垃圾。如果将这些物质置之于野外，不仅污染环境，还会给苍蝇、病菌等有害生物提供大量的滋生场所，传播病菌。而将这些物质通过一定的处理方法施入土壤，不仅可以变废为宝，减少生产成本，也对农村生活环境的改良有积极的促进作用。

36. 施用钾肥应注意什么问题？

钾肥是作物正常生长发育所需要的重要大量

营养元素之一。其主要营养作用是促进植物的多
种代谢反应，促进光合作用和糖代谢，促进蛋白
质合成，增强作物的抗逆性等多种效果。它对于
促进水稻茎秆中的纤维合成（增强抗倒伏能力），
增强水稻根系的氧化能力（增强抗逆性），促进
养分运输都有着积极的作用。与磷元素不同的
是，钾在作物秸秆中的含量较高，在长期的生产
过程中，钾随秸秆留在生产地，这也许是在水稻
生产中，钾被认识的重要性及其施用量都次于氮
和磷的重要原因。

在水稻的秸秆中，氧化钾的含量占其总吸收
量的 82.73%～89.61%，小麦的秸秆也有相似
的趋势。基于这一原因，在水稻生产中适度多用
秸秆沤肥，或者牛（马、骡）栏粪肥，甚至秸秆
直接还田，对于稻田补钾有着重要的意义。需要
说明的是，秸秆中的钾元素与化学钾肥相比较，
肥效有一定的滞后性，所以在急需补钾的时段
（如拔节期），还需要适度补施化学钾肥。

生物钾肥是河北省科学院微生物所最先研制
并大面积应用的一种能够利用土壤迟效缓效钾肥
的硅酸盐菌剂，目前已有许多省份的厂家都已生

产。它有两种剂型：一种是草炭剂型，外观黑色粉类固体，湿润松散，含水量较少；另一种是液体剂型，外观乳白、浑浊、有微酸味。据有关资料，每亩施用 1 千克生物钾肥与施 15 千克 K_2SO_4 的增产相当。生产实践证明，施用生物钾肥需要注意六个方面：①土壤条件。生物钾肥在有机质、碱解氮和有效磷丰富的壤质土壤上施用效果好，瘠薄、保水保肥条件差的土壤不宜，在土壤速效钾低于 100 毫克/千克的缺钾土壤施用效果更好。②注意早施。因为生物钾肥施入土壤后，细菌从定居、繁殖到从土壤矿物中分解释放出钾、磷需要有一个过程。据福建三明市试验，生物钾肥蘸秧根、作基肥、作追肥三个处理均比对照增产达到极显著的水准，三处理比对照（未用生物钾肥处理的）分别增产 6.0%、5.9%、4.6%。蘸秧根的和基肥的效果优于追肥。③可以与尿素、硝酸铵、硫酸铵、硫酸钾、氯化钾等化肥混施，但要现拌现用，不宜存放，切不可与草木灰等碱性物质混合使用，以免影响肥效。④要近施均施。把菌肥施于作物根的周围，且要均匀，才利于其作用的发挥。⑤不能和杀菌剂混施。⑥存放和使用不能在阳光下曝晒，拌种要在避免阳光直射的条件下进行，拌好菌剂的种子应在阴凉处晾干，不能晒干，要当天拌种当天施完。

目前主要应用的大宗化学钾肥主要有氯化钾和硫酸钾。氯化钾（KCl）一般呈白色或蛋黄色、紫红色的结晶，物理性状良好，含钾（K_2O）量60％左右，是一种含钾量高，单位钾的货币成本较低的一种主要钾肥。生产实践显示，它对水稻能够起到增产，增加抗病虫、抗倒伏能力等多种效应。硫酸钾是白色的结晶，含钾量50％～52％。其单位钾的货币成本高于氯化钾。在水稻生产中，它是仅次于氯化钾的第二个大宗钾肥。磷酸二氢钾也含有较丰富的钾，含钾量34％左右。由于同时含有钾和磷两种大量元素，且水溶性良好，价格高于前两者，一般用作叶面喷施。

我国钾肥生产量少，而土壤缺钾的面积在不断扩大。解决这个矛盾的办法是开源节流，即一方面要增加钾肥肥源，另一方面把有限的钾肥施用好，充分发挥肥效。钾肥的有效施用技术受多种因素影响，其中土壤类型、肥力水平、作物种类、施肥方法等因素影响较大。科学施用钾肥应注意：

（1）按土壤的供钾条件施肥

土壤缺钾的程度是钾肥有效施用的先决条件，首先要考虑土壤速效钾含量对钾肥肥效的影响。钾肥肥效大小与土壤速效钾丰缺关系密切，即在其他条件相同的情况下，土壤速效钾含量越低，钾肥当季肥效越好。土壤速效钾含量小于40毫克/千克为极缺钾的土壤，钾素已成为作物增产的限制因素，应优先施用，每亩用量（K_2O）7～10千克，折氯化钾或硫酸钾15～20千克，增产效果都非常显著。土壤速效钾含量40～100毫克/千克时为缺钾土壤，每亩钾肥用量10千克左右，增产效果也很显著。土壤速效钾含量大于100毫克/千克时，可以酌情减少施用量。同时还要考虑土壤缓效钾含量、土壤质地和熟化程度等。土壤缓效钾不能被作物直接吸收利用，是土壤速效钾的来源和后备，在土壤速效钾含量相近的情况下，土壤缓效钾含量越低，转化为速效钾的速度越慢，施用钾肥的肥效往往会更好些。但作为指导当季施钾，土壤速效钾含量是主要依据。质地粗的砂性土，由于含钾水平低，加之土壤中的速效钾又易淋溶损失，在这类土壤上施钾的效果往往比黏性土壤好，熟化程度高的土壤增施钾肥的肥效一般不如熟化程度低的土壤。因为前者含钾较为丰富，并有良好的土壤理化性状，供钾能力强。我国南方土壤含钾量低，钾肥施用重点应在南方，但北方土壤缺钾面积正在逐渐扩大，特别是一些高产土壤，缺钾现象日益严重。

（2）按不同耕作制施肥

不同的耕作制中哪种作物施用钾肥最经济，这也是有效施用钾肥的重要内容。在绿肥（油菜）—稻—稻耕作制中，钾肥应施在豆科绿肥或豆科作物上。据试验，绿肥亩施硫酸钾 10 千克，可增产鲜草 768 千克，每千克钾肥（K_2O）增收鲜草 153 千克。由于鲜草产量增加，氮素返田也相应增加，绿肥中约三分之二靠根瘤菌从空气中固定而来，因此施钾后的绿肥翻压，作旱稻基肥比钾肥直接施在旱稻上更有利。

在稻—稻—麦耕作制中，钾肥应施在冬季作

物，即大、小麦或晚稻上较为有利。一方面，大、小麦增产幅度较大，同时又能发挥钾肥残效的作用，如果钾肥充裕，在麦子和晚稻上都施用适量的钾肥，增产效果更好。

在稻—稻耕作制中，晚稻施钾增产效果比早稻好。因为早稻施用有机肥多，晚稻在"双抢"季节插秧，有机肥施用少，而且晚稻田搁田、晒田的次数和天数比早稻减少，土壤钾素不能很快释放出来，所以晚稻比早稻更容易发生缺钾。

在麦—稻耕作制中，由于水旱轮作，干湿交替，缺钾程度会轻些。据四川省农业科学院土肥所试验表明，土壤速效钾（K_2O）含量低于 60 毫克/千克时，小麦应增施钾肥，高于 80 毫克/千克时可酌情少施或暂不施用钾肥。

（3）按作物种类施肥

不同作物对钾肥的需要量是不相同的。以水稻为例，杂交水稻的需钾量高于常规水稻，因而在施用时可适当加大用量。有关实践显示，在冷凉地区的杂交稻生产，土壤速效钾含量 100～120 毫克/千克仍然有增效抗病等积极效应。

37. 如何确定钾肥的施用期、施用量和施用方法？

钾肥施用量也遵循报酬递减规律。在缺钾的土壤上，作物的产量随施钾量增加而增加，每千克钾肥的增产数则随用量的增加而递减。用量超过一定范围时，不能进一步增加产量。

钾肥的适宜用量应以土壤速效钾含量高低、作物种类和各种营养元素相互平衡而定。在目前钾肥比较少的情况下，一般还做不到完全满足作物的要求。以每亩钾肥（K_2O）用量 3～6 千克为宜，在缺钾的土壤上，一般每千克（K_2O）能增产水稻5～10 千克。钾肥的当季利用率为40％～50％。土壤缺钾不严重和农家肥用量充足的地块，钾肥可以酌情少施。

钾肥可作基肥、种肥或追肥。钾肥与磷肥一样，以基肥或早期追肥效果较好，因为作物的苗期往往是钾的临界期，对钾的反应十分敏感。虽然作物苗期吸钾不到全生育期的 1％，但苗期个体小，相对数量较大。

据湖南省土肥所对水稻钾肥施用试验表明，在施用氮、磷肥的基础上，每亩分别用钾肥（K_2O）5千克作基肥或分蘖肥、穗肥，每千克钾肥（K_2O）分别增产稻谷9.1千克、7.4千克、4.9千克。钾肥利用率分别为64％、55％、42％。由此看出，钾肥作基肥的效果较好。

从湖北省水稻钾肥施用的试验来看，以钾肥作基肥或早期追肥的增产占95％以上，而把钾肥作拔节肥、孕穗肥则有一半增产不显著。广东、浙江等省农业科学院土肥所通过试验认为基肥和分蘖肥各施一半钾肥，增产效果不错；早稻一般有较充足的有机肥作基肥，施钾可推迟到分蘖早期及圆秆拔节期施用，这样钾肥肥效还略优于基肥，而晚稻应早施。

我国钾肥的品种以氯化钾为主，一般不宜作种肥，施足基肥或早期追肥，可以不用种肥。在砂质较重的田里，钾肥易渗漏，分次施用为宜。还有一些土壤本身不一定缺钾，由于氮肥用量过多，致使水稻中后期叶色浓绿、植株柔软，通风透光差，这时补施少量钾肥有利作物生长。

水稻施用钾肥的方法大致有以下几种：①犁

田后耙田时用作面肥施入，其效果相当于基肥；②表面撒施，用作追肥；③叶面喷施，此法是将肥料溶液稀释到一定程度后喷施在水稻植株上，叶面是其主要接受部位，因而浓度不能太大，一般以0.1%～0.2%为宜。

38. 怎样施用水稻蘖肥？

蘖肥是在水稻有效分蘖期间发挥作用，促进水稻分蘖的肥料，一般以氮素化肥（如尿素）为主。分蘖肥的目的是壮根促早发，农村有句俗话"壮苗先壮根，根壮苗早发"。生产上把分蘖肥看成是基肥量不足，或基肥分解量不足的补充，因而它还可以争取动摇分蘖成穗。在中苗移栽条件下，施用量应视苗情而定：①由于植伤严重或地力薄、未能施足基肥，返青较迟，大田长出第一个心叶下方第三叶腋中无分蘖芽，全田仅10%～30%有分蘖芽，这类田要重施，一般为追肥量的40%；②返青后心叶下第三叶腋内约50%有叶蘖同伸芽，但比较弱小，达到预期穗数的叶龄期较迟，可少量普施；③返青活蔸后，心叶下方第三叶腋内有健壮分蘖芽，全田 100％植株有叶蘖同伸芽，预计在有效分蘖叶龄期达到预期穗数的，可以少施或不施。分蘖肥应尽早施，补肥的最后时间应在有效分蘖临界叶龄期前两个叶龄，如杂交中稻有效分蘖临界叶龄为 12 叶的品种，补施分蘖肥最迟不宜于第十叶期，才能达到促进有效分蘖的目的。在无效分蘖叶龄期，氮肥应严格控制使用，如茎蘖数偏少或大苗长秧龄移栽，切不宜施用，以后可采取早施穗肥。在分蘖肥的施用中，还要注意利用施用蘖肥将插入大田中局部生长较弱的禾苗酌情补施一些平衡肥，其用量为 2～6 千克/亩，以促进这些暂时生长滞缓的弱苗加速生长，达到平衡高产。

由于水稻分蘖苗一般有早蘖苗壮的现象，蘖发生的愈早，自养的完全叶愈多，则苗愈壮，成为有效穗或大穗的可能性愈大。有关资料显示，在大田生产条件下，有 3 片以上完全叶的分蘖基本都能成穗，且完全叶愈多，稻穗愈大，单穗产量愈高。故追施促蘖肥一般都强调早施。迟施的蘖肥即使能够成穗，穗型也比较小，经济意义不大。

39. 穗肥何时施用为宜?

穗肥对水稻孕穗起作用,旨在促进幼穗发育,减少水稻颖花退化时所施用的肥料,以氮素化肥为主。水稻从倒4叶伸出后到孕穗,是穗分化形成期,生长量最大,需肥量最多。从生育进度上看,水稻正处于营养生长与生殖生长并进,将逐步过渡到生殖生长期;也是无效分蘖趋于消亡,有效分蘖巩固成穗,每穗的颖花数与颖壳的大小逐步确定的阶段。孕穗期的水稻形态生理发生一系列复杂变化,其营养状况对水稻产量及品质有较大的影响。

穗肥的施用量要着眼于最大限度增加抽穗后的物质积累。在具体施用时,一定要看叶色,在中期群体叶色正常褪淡显"黄"的基础上进行。如果中、后期群体叶色不落黄,则不宜施用;由于栽培条件的多变,生产上长穗期的苗情各异,施用穗肥时间与数量也不一致。此时的苗情大体可分为三类,相应也有三种穗肥施用方法:

(1) 稳长型

即群体按时在有效分蘖临界叶龄期或稍前够苗，拔节期或拔节稍前达到高峰，其控制在适宜穗数的 1.3～1.5 倍，叶色于无效分蘖期内正常落黄，株型紧凑而叶较挺，群体内受光条件良好。这类群体已有足穗和大穗的基础，施用穗肥可以促进抽穗后物质量的增加，也能较大程度地促进抽穗前干物质的增长，此类苗施用穗肥时必须注意在攻大穗粒多的同时，防止上部叶片面积过大。

此类型又可分两种情况：一是对于群体发展稍大、落黄出现略迟、田又比较肥的，宜采用倒2叶露尖后施穗肥，这时施肥已不影响基部节间伸长，仅能促进剑叶生长，比较安全，但可显著减少颖化退化，增加结实粒数和粒重。其施用量视叶色褪淡程度而有不同，一般每亩施尿素 5～7.5 千克不等。二是对于群体较小的杂交稻或群体稍大而落黄较早的穗数型品种（常规稻居多），且体内碳素营养水平较高的，宜采用分次稳施穗肥法，即从倒3叶抽出起至出剑叶，分两次平衡施用，总施肥量为尿素 6～12 千克；穗数型品种也可在倒 3 叶露尖后一次施用穗肥。

（2）**不足型**

指稻株群体于有效分蘖临界叶龄期后才够苗，茎蘖数不足，群体过早落黄，中期干物质生长量偏少，因而施用穗肥的目的既要促使出穗前干物质量提高到适宜的水平，又要使后期光合生产量增加，以达到最终高积累。对大穗型品种如杂交籼稻，最上部的三叶大，穗型也大，要促保并举，采用顶 3、顶 1 叶期分次施穗肥的方法，可达到此目的。而对穗数型品种，顶上 3 叶叶窄短小，可采用倒 3 叶期或倒 3 叶出叶至剑叶期两次稳施的方法，一追一补，前重后轻亦可取得高产。在水稻有效分蘖期间因低温、缺肥采取两段育秧（包括长秧龄大苗移栽）情况下，此时的群体一般都偏小，发苗不足，也可把它视同"不足型"，可早施促花肥来弥补前期穗数不足，但施肥量可比稳长型略多一些。

（3）**旺长型**

中期群体茎蘖数过多，植株松散，叶片长披，叶色深绿而不褪黄。生长量较大，这种群体属旺长型。这类秧苗若施用穗肥，往往导致叶量过大，降低结实率与千粒重，甚至群体严重荫蔽，引起病虫害大发生或倒伏。因此，只有通过控氮与露田，使群体叶色落黄，而后才能轻补穗肥，调整株型，在不增加叶量的前提下，增加光合量，促进可孕颖花量，从而提高群体出穗后的物质生产量也向穗部运转，达到较高的结实率和千粒重。一般旺长型田块在剑叶露尖时补施少量穗肥，若剑叶抽出期仍未褪淡落黄，则不宜施用穗肥。

在施穗肥的问题上，还要考虑到当地的病害问题，如果病害较重（如稻瘟病、纹枯病等）的稻区，则应减少用量，甚至不施。要结合当地生产条件综合分析，不能一味强调某一点，以免事与愿违，增产不增收。

40. **怎样施用粒肥?**

粒肥是在水稻灌浆期起作用，促进籽粒饱满，提高结实率而施的肥料。灌浆结实期施用粒肥，可以维持稻株的绿叶数和叶片含氮量，提高光合作用，防止稻株老化。

粒肥施用时间在抽穗后 10 天内进行，在始穗至齐穗期要看苗看天而定。如果植株小、单位面积内穗粒少，叶色落黄早、活叶多、无病，可早施；如果植株大、穗多、落黄晚，略晚施、少施。施用量为尿素 2.0～2.5 千克/亩，氯化钾 1.0～1.5 千克/亩。施用粒肥要结合天气状况，大雨前不宜施用，以免肥料流失。根外追施 0.2%磷酸二氢钾与尿素的混合液也有促进谷粒发育的效果。需要说明的是，叶面喷施的尿素溶液必须先溶解以后才能兑入，因为尿素颗粒外面有一层蜡质包膜，若直接兑入，难以溶解；根外追肥要求喷雾器的雾化效果良好，以免影响效果。

41. 施用分蘖肥后为什么要中耕除草？

（1）中耕除草的作用

① 增加土壤通气性。作物中耕可增加土壤的通气性，增加土壤中氧气含量，增强农作物的呼吸作用。农作物在生长过程中不断消耗氧气，

使土壤含氧量不断减少。中耕松土后，大气中的氧不断进入土层，使农作物的呼吸作用旺盛，吸收能力加强，从而生长繁茂。

②增加土壤有效养分含量。土壤中的有机质和矿物质养分都必须经过土壤微生物的分解后才能被农作物吸收利用。中耕松土后可增加土壤含氧量，促进土壤微生物的活动，加速分解和释放土壤潜在养分，提高土壤养分的利用率。

③抑制徒长。作物营养生长过旺时，深中耕可切断部分根系，控制吸收养分，抑制徒长，减少无效分蘖。

④提高肥料利用率。稻田中耕可将追施在表层的肥料搅拌到底层，达到土肥相融、泥活通气目的。还可排除土壤中有害物质和防止脱氮现象，促进新根大量发生，提高吸收能力，增加分蘖。

总之，分蘖期的栽培目标是培育足够数量、强健的大分蘖，形成合理的叶面积，累积一定数量的干物质，培植强大的根系群，促进早发，增多穗，培育壮蘖争大穗。施用分蘖肥后进行中耕除草，可以提高肥料利用率，促进秧苗的健壮生长，打好丰产的苗架基础。

（2）施用穗肥后中耕应注意的问题

抽穗期的主要栽培目标是在保蘖增穗的基础上，促进壮秆、大穗，防陡长、防倒伏，养根护叶，提高结实率。水稻最后三片叶对提高结实率和粒重起着决定性作用，而叶片的功能与根系的活力密切相关，养根才能保叶。这一时期水稻的根系已近最大规模，不宜中耕。因为一则操作不便，二则伤根不利于水稻生长。伤根就不划算了。

（3）稻田中耕器的作用

"水稻田间中耕器"是长江大学科研人员在实践中，与基层技术人员总结出来的一种农具，已申请国家实用新型专利［ZL 200620134250.5］。这种中耕器外形像一个钉耙，主要有 4 齿（图6），也有 2 齿和 6 齿的。使用中耕器有如下作用：

① 提高肥效。由于本中耕器的耙齿工作面约为水稻禾苗的 1/2 行距，两个耙齿的间距为水稻禾苗的种植行距，耙齿的高度能够容纳水稻禾苗的植株（图7），耙齿在运行中能将施肥

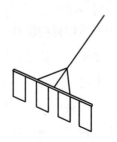

图6 一种水稻田间中耕器

的表层泥土分流堆积在水稻禾苗的根部,产生
一个壅蔸的过程(图8),且能将工作面的杂草
一并除去。所施的氮肥就随着这个壅蔸过程直
接被送到秧苗根系附近的还原层土壤,从而减
少了因施在土壤表面氧化层带来的氮素损失。
这种4齿耙中耕器能够适应一般行距不太规则的
情况,不至于出现因耙齿过多(6个以上)而伤
苗的现象。

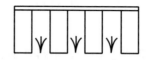

图7 秧苗与中耕器叶片的位置

②提高功效。该中耕器一般有4个耙齿(4
个工作面),可以同时完成4行秧苗的中耕。此

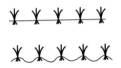

图 8　中耕前后的土壤剖面

中耕器为单人徒手操作设计（重量约为 2 500～3 000克），比较轻，操作较灵活。齿杆与把杆之间 120°左右的夹角是考虑到运行方便和操作者弓腰程度：仰角可以让运行的中耕器工作面在与稻田表面泥土的摩擦中产生一个向上的力，中耕器飘浮表土层之上，操作起来显得更轻巧；同时可以使操作者的腰身以比较伸展的状态进行中耕，其弓腰的程度大大减小，无须像农民常规操作那样弓腰驼背。按照设计与常规操作，应用该中耕器一个工作日可以中耕稻田 2 500～3 500 米^2，其工效是徒手人工效率的3～4 倍，劳动强度也大大减轻。

　　③ 节省成本。该中耕器是木结构，整个中耕器只有几颗铁钉；耙齿、齿杆与操作杆、支撑杆都由木料制成，原料的来源广泛，制作工艺简单，只需要简单的木工制作程序就可以完成，成

本很低，一般的农家均可以承担。这与其他器械、机械和徒手相比，可以大大节省生产成本。

④ 适应性广。该中耕器设计轻巧，一个人便可以操作，无需其他动力辅助；4 个耙齿能够适应一般行距不太规则的情况，不至于出现因耙齿过多（6 个以上）而伤苗的现象，适应广大农村。对目前青壮年劳力外出打工比较多的地区，尤其有很强的实用价值。

42. 化学氮肥、磷肥、钾肥主要有哪些品种？

氮肥大致可分为三类：一是铵态氮，包括氨水、硫酸铵、氯化铵、碳酸氢铵等；二是硝态氮，主要是硝酸铵；三是酰胺态氮肥，主要是尿素。尿素是最常用氮素化肥，含氮 42%～46%，长期施用对土壤无不良影响，宜作基肥和追肥，用作根外追肥效果也很理想，但不宜作种肥。碳酸氢铵是应用较多的一种铵态氮肥，它生产工艺简单，对设备的要求不高，是县（市）小化肥的主要产品。碳酸氢铵的含氮量为 17% 左右，它速效、易分解和挥发，长期使用对土壤亦无不良效应，作基肥、追肥均可，宜覆土深施，不可作种肥。它的特点是肥效快，易溶于水，易吸水潮解，应注意保存。氮肥除氨水和碳酸氢铵是碱性、微碱性、易挥发外，其他品种都是微酸性，不能和石灰、草木灰等碱性肥料混合施用。硝态氮施用于水田不如施用于旱地效果好，因为施用于水田会引起反硝化脱氮。

磷肥主要有过磷酸钙和钙镁磷肥两种。过磷酸钙又称普钙，是速效性磷肥，由于过磷酸钙分解的磷一钙易被土壤固定，移动性较差，因而易作基肥，且应集中施用。钙镁磷肥呈碱性，不溶于水而溶于弱酸，适用于酸性土。其中含有大量钙、镁，是改良酸性土的良好肥料。一般作基肥，可以蘸秧根。钙镁磷肥肥效迟缓，微碱性，性质稳定。此肥料也容易被土壤固定，影响肥效。由于水稻前、中期吸收磷肥量占总量的70％左右，所以，磷肥一般宜作秧田肥或本田基肥施用。要做到经济用肥，避免磷肥被土壤固定，与有机肥配合集中施用（如用磷肥蘸秧根）效果较好。

钾肥主要有硫酸钾和氯化钾。氯化钾是常用

优质钾素化肥,含氧化钾 $50\%\sim60\%$,适用于一般的土壤,可做基肥、追肥。硫酸钾含氧化钾为 $48\%\sim52\%$。钾肥肥效快,易溶于水,因此钾肥易流失,使用时要注意避免。优质稻亩产500 千克,从土壤中吸收钾比氮约多 40%,比磷约多 3 倍。由于生产上施用氮、磷肥增多,土壤缺钾比较突出,施钾有较好的增产效果,在高产区施钾肥增产效果更加明显。在秧田重施底肥的基础上,钾肥在水稻分蘖期和穗分化期施用效果好。对缺钾严重的土壤,水稻灌浆时叶面适度喷施钾肥(如磷酸二氢钾),可提高结实率和千粒重,增产效果明显。

43. 怎样经济用肥?

经济用肥就是要立足我国农业生产的现实条件,在肥料上用尽可能少的货币投入获得较高的产量,从而达到高产高效。一般说来,经济用肥应做到以下几点:

(1) 针对水稻生产需要开展测土配方施肥

测土配方施肥包括对土壤的肥、水、气、热

等条件的检测，提出不同产量水平的肥料配方，其本质是在摸清土壤供肥能力的基础上，结合水稻生产的要求进行肥料配方，对水稻进行针对性供肥，从而使有限的肥料发挥更大的作用。我国水稻种植面积很大，不同类型地区的气候、土壤、品种类型、种植制度、产量水平均有一定差异，开展水稻测土配方施肥，就可以减少肥料浪费，提高水稻生产的经济效益。由于不同类型地区的土壤肥力和产量不尽相同，测土配方施肥一定要在当地农业部门技术人员的指导下进行，否则会事与愿违，达不到效果。

据 2006 年 7 月全国（南方片）测土配方施肥现场会介绍，测土配方施肥可增产 10%，减少肥料投入 10%，每亩增收 100 元，效益显著。

（2）经验配方施肥

在暂时无法实施测土配方施肥项目的地方，可进行经验配方施肥。即了解生产一定稻谷产量所需的主要大量元素（如 N、P、K 等）的数量，再按照不同肥料所含的比例，结合其利用率进行换算。这里有一个经验问题，因为利用率和土壤供肥能力在不同地区的值不同，完全按照上述方法计算的值投入会有一定偏差。其解决办法，一是向当地农业技术人员请教，二是可以向当地有经验的农民咨询。在一些特殊地方（如冷凉稻区），施用一些微量元素（如锌肥）也有特别效果。

（3）有机肥与商品化肥配合施用

有机肥主要包括植物的残体、牲畜的排泄物以及一部分生活垃圾。它的各种营养元素的种类十分全面，基本具有水稻生产的全部营养元素，但与水稻高产的数量要求有较大距离。由于有机肥的分解利用有一个过程，其效应相对较迟，肥效期也长，难适合水稻促控要求。商品化肥的分子一般较小，起效快，适应短时间里对作物的促控措施，但肥效期短，主要用于短期或当季。此外，有机肥还有来源广泛、货币成本低的优点。与之相比，商品化肥的货币成本就要高出许多。将两者配合施用，利用有机肥的来源广泛、营养全面、肥效期长和商品肥的某些营养元素含量高、速效的优点来保证水稻高产，又利用有机肥的货币成本少来降低肥料成本，则是十分有益的做法。生产技术愈不发达的地方，这种做法的现实意义愈明显。

44. 生物菌肥主要有哪些作用?

生物菌肥即微生物（如细菌）肥料，简称菌肥。它是由具有特殊效能的微生物经过发酵（人工培制）而制成的。生物菌肥含有大量的有益微生物，施入土壤后，能固定空气中的氮素，活化土壤中的养分，改善植物的营养环境，在微生物的生命活动过程中产生活性物质，刺激植物的生长。

生物菌肥的主要作用:

(1) 提高土壤肥力

这是生物肥料的主要功效，例如各种自生、联合或共生的固氮生物肥料，可以固定空气中的氮素，增加土壤中的含氮量；多种分解磷钾矿物的微生物如硅酸盐细菌能分解土壤中的钾长石、云母及磷矿石，使其中难溶的磷、钾有效化。

(2) 制造和协助农作物吸收营养

有些菌肥（如 5406 抗生菌肥）施用后，由于微生物的活动，不仅能增加土壤有效养分，还能产生多种激素类物质和各种维生素，从而促进作物的生长；根瘤菌向豆科植物一生提供的氮素，占其一生需要量的 30%～80%，VA 菌根是一种土壤真菌，它可以与多种植物根共生，其菌丝伸出根部很远，可以吸收更多的营养供各种植物利用，其中以对磷的吸收最为明显。

（3）增强植物的抗逆性

有些生物菌肥施用后由于在作物根部大量生长繁殖，成为作物根际的优势菌，它们可分泌抗真菌和细菌的抗生素，从而抑制多种病菌的生长。VA 菌根的菌丝则由于在作物根部大量生长，除了可以吸收有益于作物生长的营养元素外，还可增加作物对水分的吸收，提高作物的抗旱能力。

45. 生产中应该如何应用菌肥？

"菌肥"是从自然界中采集并培养的活性菌种，经科学配方、组合加工研制而成的一种无公害新型复合生物肥。在施用过程中应注意以下几点：

(1) 土壤条件

对含硫高的土壤和锈水田，不宜施用生物菌肥，因为硫能杀死生物菌。对于翻浆的水田一般不用撒施，用喷雾的方法效果更明显。对于多年来施用化肥的田块，施用生物菌肥时不能大量减施化肥和有机肥，因农作物对化肥产生了依赖性，用生物菌肥取代氮肥不能一下子适应，因此其取代量应做到第一、第二、第三年分别取代 30%、40% 和 60%，磷、钾肥只能补足，不能减少。

(2) 温度条件

施用菌肥的最佳温度是 25～37 ℃，低于 5 ℃，高于 45 ℃，施用效果较差。对高温、低温、干旱条件下的农作物田块不宜施用。同时，还应掌握固氮菌最适温度土壤的含水量是 60%～70%。

(3) 时间条件

生物菌肥不是速效肥，它的作用在作物的营养临界期和营养大量吸收期前 7～10 天施用，效果最佳。

(4) 注意事项

菌肥不要与杀菌剂、杀虫剂、除草剂和含硫的化肥（如硫酸钾等）以及稻草灰混合用，因为这些药、肥很容易杀死生物菌；或者先施菌肥，隔 48 小时后再打药除草。若拌种，切忌和已拌好杀菌剂的种子混合使用；还应防止与未腐熟的农家肥混合。

46. 为什么要推广配方施肥？

配方施肥是根据作物需肥规律、土壤供肥性能与肥料效应，在有机肥为基础的条件下，根据氮、磷、钾及微肥的适宜用量和比例，以及相应施肥技术的一项综合性科学施肥技术。

配方施肥是一个完整的施肥技术体系，其内容包括"配方"与"施肥"两个程序。配方就是根据作物种类，产量水平，需要吸收各种养分数量，土壤供应量和肥料利用率，以确定肥料的种类与用量，做到产前定肥、定量。施肥是配方的实施，是目标产量实现的保证。

施肥要根据"配方"确定的肥料品种、数量和土壤、作物的特性，合理安排基肥和追肥的比例，追肥次数、用量以及施肥时期、施肥部位和施肥方法；要特别注意的是，配方施肥必须坚持以"有机肥为基础",坚持"有机肥与无机肥相结合,用地与养地相结合"的原则,以增强后劲,保证土壤肥力的不断提高。

47. 水稻的茎秆如何利用才最经济?

水稻的秸秆和根茬含有丰富的氮、磷、钾以及钙、镁、硫、硅、铁、锰、锌、铜、钼、硼等元素。据资料显示,水稻吸氮量的 31.6% 左右,吸磷量的 27.1% 左右,吸钾量的 84.2% 左右都留于秸秆中;秸秆和根茬有机质含量也相当高,占 78%。作物秸秆还田后,由一部分当年矿化降解释出各种营养元素,供农作物吸收利用;另一部分逐渐转化为腐殖质。加大秸秆、根茬还田量,还有利于培肥地力。

目前秸秆还田主要有五种方式:一是秸秆直接还田;二是堆制秸秆肥;三是过腹还田;四是过圈还田;五是秸秆覆盖。此外,利用茎秆为原料生产沼气,沼渣还田;利用茎秆生产食用菌,残渣还田等,也是十分有价值的方法,后两者的经济效益较高,但技术亦相应较高。各地可根据本地区经济、气候、土壤等特点，从实际出发，因地制宜地选择秸秆还田方式。

根茬还田主要有三种方式：一是机翻地；二是机械粉碎还田；三是人工刨茬堆沤根茬肥。一般地说，土层深厚的平地和缓坡地上可以机耕地为主；其他地区可大力推广机械根茬还田；人工除茬的要提倡在地头挖坑沤制根茬肥。

稻谷收割脱粒以后将稻草等一把火烧掉的做法，是十分不经济的。这是因为，烧火以后仅留存一些灰分元素（如磷、钾、钙、镁等），而占吸收总量31.6%的氮素、70%以上的有机质以及硫等营养元则随着熊熊火焰飘向天空，返回了大自然。这种现象有一定的代表性，是一种巨大的浪费。殊不知，这些营养元素和有机质也是生产者的劳力和货币投入（如尿素、复合肥和有机肥等）所产生的，若能认真利用，一样可以产生良好的效益。

48. 早中晚稻怎样施肥？

水稻生育期不同，作物对肥料的利用时间是

不同的。对于不同生育期的品种，应当分类指导，不能一概而论。

针对早熟品种生育期短的特点，可用"一轰头"施肥法，即将80%以上的肥料作为基肥，并且早施重施分蘖肥，达到前期一轰头，轰而不过头，后期不早衰。一般不施穗肥，以争多穗为主。

中熟品种生育期较长，适用"攻头保尾控中间"施肥法，即将70%～80%的肥料用作基肥，也应早施重施分蘖肥，以利分蘖早生。孕穗期酌施保花肥，防止枝梗及颖花退化，既争多穗，又增粒数，达到穗、粒兼顾。实现肥料的高利用率。

晚熟品种生育期长，对土壤养分需求时间长，需肥高峰持久，因而在生育过程中需合理追施肥料，适用"前轻、中重、后补足"施肥法，即在适量施用基肥和分蘖肥达到前稳的基础上增加穗粒肥用量，强调施用"促花肥"促进大穗，再看苗补施"保花肥"保大穗，达到早发稳长，前期不疯长，后期不早衰。

49. 怎样防止水稻肥害?

(1) 水稻肥害主要表现

① 恶化环境，病虫害严重。肥料用量过多，超过了水稻正常生长的需要，造成水稻无效分蘖多，抗病性减弱，招致严重的病虫害和倒伏，结实率、粒重下降。

② 推迟成熟。偏重氮肥，忽视磷、钾肥和农家肥配合，使植株营养比例失调，碳氮比率下降，影响植株正常生长发育和养分的运转。

③ 灼伤植株。施肥时间和方法不当。在高温的中午或露水未干及田里缺水的情况下撒施化学氮肥，往往灼伤禾苗。肥料的移动性愈差，则肥害愈重。尿素外面裹有蜡膜，施肥时易落入稻田中，肥害比其他氮素化肥轻得多。

(2) 防止水稻肥害

① 要根据肥料的特点进行针对性施用。化学氮肥要集中深施，农家肥和磷肥以底肥为主集中施用，钾肥用作底肥或拔节时追肥，并注意氮、磷、钾和农家肥配合。这样做一般可提高肥

效，减少浪费。基肥深施的具体做法是在翻耕前或耕后耙田前施入化肥，然后进行翻犁或用拖拉机旋耕 2～3 次，将化肥均匀压入土层。氮素化肥做追肥要施入还原层。

② 控制用量，降低浓度。氮素化肥容易挥发和流失，要根据土壤、品种特性、生育阶段确定肥料的用量。用量过多，特别是一次用量过多，或叶面施用的浓度过高，都容易灼伤禾苗，或在短时间内不能被作物充分吸收，降低肥效。

③ 掌握施肥时间和方法。除了避免在中午高温和露水未干及田里缺水情况下撒施外，还要按照水稻叶色变化和生长发育规律，灵活施用肥料，以保证植株正常生长，获得稳产高产。

第四讲
防治病虫草鼠害

50. 防治水稻病虫害应采取什么策略?

大多数水稻病虫害都喜高温高湿,早、中、晚稻生育期都要经历这个时期。而病虫在施肥较多、禾苗长势旺盛的稻田往往发生较重,防治不当有可能造成病虫严重危害,导致减产及品质下降。根据这一情况,对水稻病虫害防治提倡综合防治策略,即以农业防治为基础,充分发挥自然因素对有害生物的控制作用,因时、因地、因病虫而治,做到增产、增收,减灾,减少用药,减轻农药造成的环境污染。

在水稻生长发育的全过程中,都应该把"预防为主,综合防治"作为防治病虫害的总策略,在具体做法上应采用"治小田,保大田""抓秧田，控本田"以及"前压后控"等防治策略。

"治小田，保大田"。病虫在小面积发生时应立即防治，以保证大面积不受危害。如稻瘟病、白叶枯病，在出现发病中心时，就应该进行防治，以防止其蔓延。二化螟危害水稻出现枯鞘团，即使数量不多，也应该用药挑治，以减少下一代的发生数量。

"抓秧田，控本田"。秧田面积小，防治方便，省工省药。秧田防好了，能有效控制本田病虫杂草的发生和危害。如苗稻瘟防好了，能减少本田叶瘟的发生；秧田除稗，可减少本田夹心稗的数量；除去秧田螟虫卵，能减少本田螟害。

"前压后控"。即压低上一代害虫的数量，以控制下一代的发生数量。如晚稻褐飞虱，采取措施压低第四代的发生量，可以减少主害带第五代的数量，从而减轻晚稻穗期防治褐飞虱的压力。再如三化螟，在水稻苗期防治，可减少穗期的发生量，减轻穗期危害。

"三查三定"。即查害虫发生密度，定防治对象；查天敌密度，定是否要打药防治；查天气状况，定防治时间。如果不搞三查三定，就会出现盲目打药的现象，这不仅会造成经济损失，而且增加了环境污染，影响田间生态平衡。

51. 病虫防治主要有哪几种办法?

（1）农业防治

通过耕作制度和栽培管理技术，如选用抗病虫水稻良种、种子处理（或良种包衣）、培育壮秧、浅水管理、宽行密株、配方施肥等，创造有利于水稻高产而不利于病虫发生的条件，以压低病虫基数，控制病虫大发生。

（2）生物防治

现阶段主要是保护利用害虫的天敌、诱杀害虫的成虫（如黑光灯等）和推广使用生物农药，做到既防病治虫，又促进生态平衡。

（3）化学防治

科学使用化学农药，采用针对性强的农药直接杀灭病虫，以控制其危害。在应用化学防治时，特别要根据防治对象的所在部位以及对天气的要求，做到防治时间、防治药物、防治浓度和防治方法对应。

此外，国家和地方政府的有关行政管理部门颁布的相关法规，防止危险性（检疫性）病、虫、杂草随同种子、苗木及农产品的调运而传入或输出，对病虫害防治的宏观效果，也有积极的作用。

52. 稻瘟病有哪些发病症状和发病习性？如何防治？

（1）稻瘟病发病症状

① 苗瘟。幼苗基部出现灰黑色，有灰色霉层，秧苗呈淡红褐色，卷缩枯死。

② 叶瘟。分蘖期发病，叶片形成 4 种不同病斑：急性型，病斑暗绿色，扩展较快，初呈微粒点状，以后逐渐扩大，如绿豆状，两端变大后呈椭圆形或不规则形，斑点中心灰绿色，斑外缘呈水渍状，背面产生灰青茸毛霉层；慢性型，病斑梭形，外围中每部为黄色晕圈，边缘坏死部红褐色，中心崩坏部为灰白色；白斑型，斑点白色，一般呈现圆形，呈不规则形，大如油菜籽粒；褐点型，斑点褐色，很小，一般不扩大，多数被限

制在两个中脉中间。

③ 节瘟。节间初呈褐色小点，后向四周扩大，节部组织被破坏后下凹，表面长一层灰青色霉层。

④ 穗瘟。枝梗、穗轴、穗颈受害，先呈褐色，后变灰色或黑色，发病早而重的可形成白穗。

(2) 发病习性

① 以空气传播为主。在分蘖期和孕穗期因抗病能力低，易引起叶瘟和穗瘟。

② 温度与水分影响。长期深灌、温灌、高温多雨是病害流行的主要条件。

③ 施肥影响。偏施氮肥或追肥过迟都易发病。

④ 品种影响。感病品种易发此病。

(3) 防治方法

① 选用抗病品种。选用感病率不高、损失率低、呈水平抗性的品种。在暂无良好抗性品种的地区，注意用几个不同抗性基因的品种搭配种植，可以减轻病菌的危害程度。品种的抗性是抗病栽培的基础。品种的抗性好，可以减轻防病难

度，减少用药次数，提高经济效益。这在病区显得尤其重要。

② 降低菌源基数。包括选用无病稻种；进行种子处理，如用 1‰ 石灰水浸种，也可用多菌灵等药剂浸种；正确处理茎秆，将染病的稻草或用作沼气生产的原料，利用沼气生产过程中不同微生物的拮抗作用灭菌。

③ 加强栽培管理。根据苗情、土质、气候、品种，合理施肥、灌水。施足基肥，浅水勤灌，适时晒田。

④ 药剂防治。在分蘖期、孕穗期适时防治。常用药剂有 70% 稻瘟灵乳油、75% 三环唑、70% 硫环唑乳剂和 40% 富士一号可湿性粉剂等及其升级的药物。在上述药剂中，三环唑的预防时间较长，富士一号的效果相对较好。应用时要注意药物的搭配使用，不要只用一种药物，以免产生抗药性，降低防治效果。由于水稻穗颈节多有毛，容易兜水和利于病菌萌发侵入，要特别注意孕穗至抽穗期施用保护药剂。要求药剂喷施均匀，雾化效果好。

目前防治稻瘟病的药物商品名较多，生产者

在选用防治药剂时，要采用通用名，并注意观察其药物的有效成分及含量，要向当地技术专家请教，也可以登陆当地农业技术部门的网站来了解信息，切不可仅仅凭一些商品名称而简单地做出判断。

53. 水稻纹枯病有什么症状和发病习性？怎样防治？

(1) 纹枯病发病症状

水稻整个生育期中都会发生纹枯病。其初期在近水面的叶鞘上产生水渍状、暗绿色、边缘不清楚的小斑点，以后逐渐扩大成椭圆形成云纹状，中央灰绿色至灰褐色。病斑多而大时，常连接成不规则云纹状斑块。叶片上的病斑与叶鞘上的相似。茎部受害，初期症状与叶片上的相似，后期呈黄褐色，易折倒，病部在条件适宜时长出白色或灰白色蜘蛛网状菌丝体，以后聚缩成白色菌丝团，再聚集成深褐色的菌核。

(2) 发病习性

① 气候。高温高湿有利于发病。发病的气

温范围是 18～34 ℃，流行期适温在 22～28 ℃，发病的相对湿度为 70%～96%，90% 以上为最适宜湿度，加上与高温相配合，蔓延快，发病重。

② 栽培措施。肥水管理对纹枯病的发生发展影响较大，施肥不合理是诱使其发病的一个重要原因。偏施、迟施氮肥，促使水稻生长前期封行早、荫蔽，后期茎叶徒长、体内可溶性氮增加，降低其抗病性；若灌水不合理，长期深水淹灌，有利于该病的发生。

③ 品种。水稻品种对纹枯病的抵抗力差异不明显，绝大多数品种在田间表现感病，一般矮秆阔叶型品种比高秆窄叶型品种发病重。近年来推广的杂交水稻，在进入孕穗后，纹枯病发生发展快，如不注意防治，也会严重受害。

（3）防治方法

采取插秧前清除田间越冬菌核，本田期加强肥水管理，发病初期施药保护的综合防治措施。

① 清扫越冬菌核，减少菌源。春耕灌水后，多数菌核浮于水面，混杂在水表的浪渣内，可用撮箕等工具打捞，带出深埋或烧毁，以减少菌源

减轻发病。

② 加强栽培管理。应采取施足基肥早施追肥的策略，促进早发，避免后期徒长。灌水管理上，在分蘖期开好排水沟，适时晒田，后期干干湿湿，可控制无效分蘖，促进生长稳健，增强抗病力，同时可改善田间小气候，抑制菌丝的生长和蔓延。

③ 药剂防治。一般在分蘖末期至孕穗期施药，根据病情轻重用药防治 1～2 次。第一次亩用 20％稻脚青可湿性粉剂 2 000 倍液喷雾，第二次亩用 20％井冈霉素 25 克兑水 50 千克喷雾，也可以用爱苗 3 000 倍液喷雾。

纹枯病主要从茎基部向上蔓延，其茎基部是防治重点。因而药物尽量喷到病处，且雾化效果要好，才能保证防治效果。

54. 水稻白叶枯病有哪些症状和发病习性？如何防治？

(1) 白叶枯病发病症状

发病初期，在叶尖或叶边缘发生细小的暗绿色短条斑，后逐渐向上向下扩展，形成深黄色及长条纹病斑，最后变成灰白色而整叶枯死，故名白叶枯病。苗期症状一般不明显，直至抽穗前后大量发生并表现明显症状，当湿度大时，病叶上产生密黄色的珠状菌脓，干燥后凝结成鱼子状的小颗粒。

（2）**发病习性**

白叶枯病是由细菌侵入引起，主要危害叶片，水稻从苗期到抽穗期都能发病，但以分蘖末期至抽穗前发病最多。病菌通常在带病稻草和种子上越冬，初次侵染源主要来自带病的稻草和带病的种子，新病区则以种子带菌传播为主，在老病区则以稻草传播为主，继而靠风、雨、露、昆虫、灌水和农事操作不当等传播扩大。病菌喜高温高湿，6～8月暴风雨多（或者台风影响）时，则易发生，如山洪、渍涝后发病特别严重。其盛发期，早稻在6月中旬至7月上旬，中稻在7～8月，晚稻在9月上旬至10月上旬。一般来说，糯稻较抗病，粳稻比籼稻抗病，长期灌深水、迟发、单一施氮肥的稻田，都会引起严重发病。

（3）**防治方法**

要坚持"防重于治"和"综合防治"的原则，具体方法如下：

① 农业防治。选用抗病品种，及时处理沤渍或烧毁带病的稻草；不用带病稻草扎秧把；实行浅水勤灌勤排；后期不偏施速效氮肥；适时晒田；坚持稀播壮秧和合理密植，借以提高稻株的抗病能力。

② 药剂防治。主要抓好秧田期和大田初发期的防治。在秧苗三叶期及移栽前各喷药一次，即可控制和消灭病害的发生与发展。常用药剂可选用杀枯宁（川化 018）、杀枯净（叶枯净）、叶枯灵等。再于抽穗前后连续喷施两次，便可有效控制。最好做到轮换用药以防止产生抗药性，提高防治效果。

③ 土法防治。发病初期，于清晨撒施石灰或草木灰（两者 1：1 混合更好），亩施 5～10 千克，隔 5～7 天再撒一次，可控其发生与发展。此法还可兼治稻瘟病，效果也较明显。

55. 水稻赤枯病有哪些病症？如何防治？

（1）赤枯病发病症状及原因

水稻赤枯病又称铁锈病，俗称坐蔸、坐棵

等。主要有低温型、中毒型、缺素型三种类型。

① 低温型。秧苗主要位于冷浸水源处，如冷水泉眼附近。此处的泥温受冷水的影响，要比远离冷水泉的泥温低，水稻生长速度显著放慢，表现出秧苗生长停滞、僵苗，远远望去可明显看到弱势苗，如果截断冷水源，则可避免这一现象。

② 中毒型。主要是未腐熟的农家肥经嫌气性发酵，产生许多对水稻根系有害的还原性有毒物质（如硫化氢等）所致。此类秧苗移栽后返青迟缓，株型矮小，分蘖很少。根系变黑或深褐色，新根极少，节上生长出新根。叶片中脉初黄白化，接着周边黄化，重者叶鞘也黄化，出现赤褐色斑点，叶片自下而上呈赤褐色枯死，严重时整株死亡。受害秧苗拔起，可见根系白根少，有黑根出现，严重时根系出现腐烂现象，有臭味产生。在长期浸水、泥层厚、土壤通透性差的水田，若绿肥施用过量或施用未腐熟有机肥、插秧期气温低、有机质分解慢、以后气温升高、土壤中缺氧、有机质分解产生大量硫化氢、有机酸、沼气等有毒物质，均对秧苗分蘖产生影响，并加

剧中毒程度。

③ 缺素型。该症状是因为秧苗缺少必要的营养元素所致。主要包括缺钾型、缺磷型等。缺钾型赤枯，在分蘖前始现，分蘖末发病明显，病株矮小，生长缓慢，分蘖减少，叶片狭长而软弱披垂，下部叶自叶尖沿叶缘向基部扩展变为黄褐色，并产生赤褐色、暗褐色斑点或条斑。严重时自叶尖向下赤褐色枯死，整株仅有少数新叶为绿色，似火烧状。根系黄褐色，根短而少。稻株缺钾，分蘖盛期表现严重，当钾氮比（K_2O/N）降到 0.5 以下时，叶片出现赤褐色斑点。多发生于土层浅的沙土、红黄壤及漏水田，分蘖时气温低也影响钾素吸收，造成缺钾型赤枯。缺磷型赤枯，多发生于栽秧后 3～4 周，能自行恢复，孕穗期又复发。初在下部叶叶尖有褐色小斑，渐向内黄褐干枯，中肋黄化。根系黄褐，混有黑根、烂根。生产上红黄壤冷水田、一般缺磷、低温时间长影响根系吸收，发病严重。

（2）**防治对策**

① 耕作措施。改良土壤，加深耕作层，提倡半旱作式栽培，增施腐熟的有机肥，提高土壤

肥力，改良土壤结构。

② 施肥。注意早施钾肥，如氯化钾、硫酸钾、草木灰等。缺磷土壤应早施、集中施过磷酸钙30～60千克/亩或喷施3‰磷酸二氢钾水溶液。绿肥做基肥，不宜过量，耕翻不能过迟。施用有机肥一定要腐熟，要分散后均匀施用，切忌将未腐熟的有机肥成团施用。忌追肥单施氮肥，否则加重发病。

③ 灌溉。改造低洼浸水田，做好排水沟（如围沟、中沟），将毒素及冷凉水排出稻田，提高泥温。发病稻田要立即排水，酌施石灰，轻度搁田，促进浮泥沉实，以利新根早发。早稻要浅灌勤灌，及时耘田，增加土壤通透性。

56. 水稻恶苗病有哪些症状和发病习性？ 如何防治？

（1）恶苗病发病症状

从水稻秧苗期到抽穗均可发病。苗期发病与种子带菌有直接关系。重病苗一般难以发芽或发芽后不久即死亡；轻病苗发芽后植株细长，叶狭根少，全株淡黄绿色，叶片难以伸展，部分病苗移栽前后死亡。枯死苗上有淡红色或白色霉状物，本田内病株表现为拔节早，节间长，茎秆细高，少分蘖，节部弯曲变褐，有不定根，剖开病茎，内有白色丝状菌丝。本田期非徒长型病株也常见到。病株下部叶发黄，上部叶片张开角度大，地上部茎节长出倒根，病株不抽穗。枯死病株在潮湿条件下表面长满淡红色或白色粉霉。轻病株可抽穗，穗短而小，籽粒不实。稻粒感病，严重者变褐不饱满，或在颖壳上产生红色霉层，轻病者仅谷粒基部或尖端变褐，外观正常，但带病菌。

（2）发病习性

该病以菌丝和分生孢子主要在种子内外越冬，其次是带菌稻草。病菌在干燥条件下可存活 2～3 年，而在潮湿的土面或土中存活极少。病谷长出的幼苗均为感病株，重者枯死，轻者病菌在植株体内扩展（不扩展到花器），刺激植株徒长。在田间，病株产生分生孢子，经风雨传播，从伤口侵入引起再侵染。抽穗扬花期，分生孢子传播至花器上，导致种子带菌。此病喜高温。当土温在 30～35 ℃时，适宜幼苗发病。土温在 25 ℃以下，植株感病后不表现症状。移栽时，高温或中午阳光猛烈，发病多。伤口是病菌侵染的重要途径，种子受机械损伤或秧苗根部受伤，易发病。一般旱秧比水秧发病重。中午移栽比早晚或雨天移栽发病多；增施氮肥有刺激病害发展的趋势。此病尚无免疫品种，但品种间抗病性有差异。

（3）防治方法

① 从无病区引种，建立无病种子田，选用抗病良种。

② 加强管理。催芽不宜过长，拔秧要尽可能避免损根。做到"五不插"：不插隔夜秧，不插老龄秧，不插深泥秧，不插烈日秧，不插冷水浸的秧。

③ 清除病残体。及时拔除病株并销毁，病稻草收获后作燃料或沤制堆肥，减少侵染源。

④ 种子处理可选用20％施保克乳油浸种。具体方法如下：室温下药液浸泡稻种，捞出直接催芽；浸种时间与本地常规相一致，一般情况下，长江流域及以南为2 000～3 000倍，浸种1～2天，黄河流域及以北为3 000～4 000倍，浸种3～7天，其中东北地区5～7天。2％福尔

马林闷种 3 小时（事后用清水冲洗）或 1‰石灰水浸种 24 小时。其他药剂还有：线菌清每包 15 克，加清水 8 千克，浸种 6 千克，24 小时；25％溴硝醇 200 倍液浸种 48～72 小时；35％恶苗灵 200 倍液浸种 48～72 小时；50％多菌灵，用种子重量的 0.2％浸种 48 小时或强氯精 10 克兑水 3～5 千克，浸 4～5 千克种子，先用清水浸种 12 小时，再按以上比例浸种 72 小时。

57. 稻曲病有哪些症状和发病习性？怎样防治？

（1）稻曲病发病症状

稻曲病仅发生在穗部的单颗谷粒，少则 1～2 粒，多则每穗可有 10 多粒。受害粒菌丝在谷粒内形成块状，逐渐膨大，使病粒颖壳张开，露出淡黄色块状物，逐步增大，包裹全颖，形成比正常谷粒大 3～4 倍的菌块，表面平滑，最后龟裂，散出墨绿色粉末，即病原菌的厚垣孢子。稻曲病近年来有加重的趋势，严重时可损失产量达 8％以上。

（2）发病习性

该病菌以菌核落入土内或厚垣孢子附在种子上越冬，翌年温度适宜时菌核开始抽生子囊座，上生子囊壳，其中产生大量子囊孢子和分生孢子，并随气流传播散落。在水稻破口期侵害花器和幼器，造成谷粒发病。一般大穗型、着粒密、重穗型品种、晚熟品种发病较重；偏施氮肥，穗肥施用过晚，造成贪青晚熟，发病较重。淹水、串灌、漫灌是导致稻曲病流行的另一个重要因素，在抽穗扬花期时遇多雨、低温，特别是连阴雨，发生较重。

（3）**防治方法**

① 选用良种。选种抗病品种，建无病种子田。

② 清除病粒。及时摘除田间病粒，烧毁或深埋。

③ 改进施肥技术。基肥要足，慎用穗肥，采用配方施肥。浅水勤灌，后期干湿交替。

④ 药剂防治。药剂防治的关键应掌握在水稻破口前的保护药。每亩用挪威产 86.2％氧化亚铜（商品名：铜大师）破口期前 7～10 天施用，或每亩用富力库 25％EW15～20 毫升兑水

45 千克喷雾，也可每亩用 5％的井冈霉素 200～250 毫升或 18％多菌铜乳粉 500 克（粉剂 150～200 克）兑水 30 千克、14％络氨铜水剂 250 克、25％稻丰灵 200 克、5％井冈霉素水剂 100 克兑水 50 升，喷洒。

施药时加入三环唑或多菌灵，可兼防穗瘟。施用络氨铜时用药时间可提前至抽穗前 10 天，因为进入破口期因稻穗部分暴露，易致颖壳变褐，孕穗末期用药则防效下降。此外，也可用 50％的 DT 可湿性粉剂 100～150 克兑水 60～75 升，于孕穗期和始穗期各防治一次；也可选用 40％禾枯灵可湿性粉剂每亩 60～75 克兑水 60 升，喷施，还可兼治水稻叶尖枯病、云形病、纹枯病。

58. 稻粒黑粉病有哪些症状和发病习性？ 如何防治？

（1）稻粒黑粉病发病症状

水稻谷粒被黑粉病菌侵染后，初期的症状不明显，到发病中、后期病粒的谷壳呈暗绿色或暗黄色，谷粒内隐约可见黑色物，手压感觉轻软，破裂后米粒变成一团黑粉；或从保壳缝隙处长出红色或白色舌状突起物，初期带黏性，后成黑色粉末黏附在谷壳上。

（2）发病习性

稻粒黑粉病的病菌在秸秆、土壤、种子内外、畜禽粪中越冬。来年水稻扬花灌浆期，病菌萌发随风飘散，侵入花器和幼嫩的谷粒中，在谷粒内蔓延，形成黑粉。据研究报道，病菌的活力可以保持 3 年之久，通过畜、禽、昆虫等消化道后，仍保持有生活力。在水稻扬花灌浆期间遇上高温、阴雨，或偏施氮肥、过迟施肥、水稻倒伏等，都有利于病害的发生和加重病情。

（3）防治方法

① 调整播种期，使扬花灌浆期避开高温阴雨天气。

② 秋收后深耕土地，将浅土层大量的病菌翻入土层中深埋，或将敏感的秸秆用作生产沼气的原料，降低菌源基数。

③ 科学用肥。畜禽粪肥要经高温堆沤腐熟后方能使用。实行配方施肥或采用新型有机无机专用复混肥，防止迟施和施用单一氮肥。

④ 加强管理，实行浅水管理，注意晒田。

⑤ 药剂防治。在水稻始穗和齐穗扬花期各喷药一次。每亩用 50% 的多菌灵 150 克，兑水 50 千克喷雾；也可用 25% 粉锈宁 50 克兑水 60 千克、20% 的粉锈宁（三唑酮）乳油 150 毫升兑水 50 千克，喷雾。

59. 水稻菌核病有哪些病症和发病习性？怎样防治？

（1）菌核病发病症状

小球菌核病通常在水稻分蘖末期到孕穗期开始发病，尤其是乳熟期到黄熟期危害严重。病菌主要危害稻株下部叶鞘和茎，在近水面的基部叶鞘表面出现深褐色小斑，之后上下扩展并逐渐向内蔓延，侵染茎秆。被害节软腐，致上部枯黄后引起植株倒伏。发生严重时可造成整片田枯穗、整株枯死，剖开茎秆的腐朽组织，可见大量球状黑色小菌核。

（2）发病习性

病菌以菌核散落在稻茬和土壤中越冬，成为

下年水稻发病的主要菌源。第二年灌水整田，菌核飘浮水面，附着于水稻基部叶鞘，环境条件适宜时菌核萌发长出菌丝直接侵入，或从伤口侵入，在叶鞘组织内扩展蔓延引起发病，最后在叶鞘茎秆组织内形成菌核。此病发生发展与田间肥水管理状况密切相关，水稻生育后期脱水过早、抽穗后遭干旱、田间缺水，发病重；偏施、迟施氮肥导致稻株徒长，易发病。

（3）**防治方法**

消灭菌源：灌水耘田时，菌核飘浮水面，可捞去残渣，挑出稻田深埋，减少第一次侵染菌源，可有效减轻发病。

加强肥水管理：实行配方施肥，施足基肥，早施追肥，增施钾肥，适时烤田，后期保持田间干干湿湿，乳熟期忌过早断水。

60. 防止水稻苗期病害应采取什么策略？

水稻苗期病害是指水稻苗期因环境条件或病菌危害对秧苗造成生长受阻、异常的现象。它主要包括生理性病害和侵染性病害。

（1）生理性病害

生理性病害是指因环境因素影响，使水稻秧苗的正常生理代谢出现故障产生的病症。出现最多的是因低温影响，使水稻出现烂种、烂芽、烂苗等现象。烂种是指播种后未发芽前种子腐烂。烂芽是指芽谷下田后尚未转青就死亡，幼根、幼芽发生卷曲，并逐渐呈黄褐色，生长停止，严重时幼根腐烂，幼芽变褐枯死或下弯成钩状，受害较轻时，在天气转暖，幼芽基部又出现绿色，重新长出新叶；烂芽常在播种后 1～2 周出现，种壳及种根表面、周围土壤变黑，并有强烈臭味。烂苗多发生在 2～3 叶期，秧苗受低温冻害后，严重时一旦天气暴晴，出现青枯死苗，先心叶筒卷，逐渐基部呈污绿色，叶色较青，最后萎蔫死亡；受害轻时，从叶尖到基部、从老叶到嫩叶逐步变黄，最后黄枯死苗。

（2）侵染性病害

侵染性病害是受外部病菌等因素入侵，导致水稻秧苗出现受害症状。因侵染病菌及病症表现的不同，主要有立枯病、绵腐病、稻瘟病、恶苗病。

立枯病多发生在温差大或低温发芽不良情况下，幼芽幼根变褐、扭曲、腐烂，2～3叶期病苗根暗白色，有黄褐色坏死，茎基变褐，软化腐烂，心叶萎垂卷缩，全株黄褐枯死。病苗茎基部有白色、粉红色霉状物或灰黑色霉状物。绵腐病是秧苗生长初期遭冻害，又在污水灌溉及长期深灌条件下，在种根种芽基部颖壳破口处产生乳白色胶状物，逐渐向四周长出放射状白色绵毛状物。

稻瘟病与恶苗病见第52题、第56题。

(3) 防治策略

在育秧期间，低温阴雨、低温前异常高温、冷后暴晴、温度过高、大风降温及寒流袭击，均有利病害的发生。种子颖壳破伤、贮藏受潮及秧田水淹稻种，易诱发病害。秧田位置过于空旷易受冷风袭击，背阳低洼，温度低而积水；秧田土质过软，覆土过厚，造成种子缺氧环境；秧田土壤盐碱含量高，造成植株吸水困难；秧田施用未充分腐熟的有机肥，排水不良，深水淹灌等均有利病害发生。种子自身抗寒能力差，也易发病。

针对上述原因，应该提高育秧技术，改善环境条件，增强稻种、幼苗的抗病能力，适时进行药剂防治。

① 科学选田。选背风向阳、土质好、平整、灌溉方便的地块做秧田；多施腐熟有机肥作基肥，提高土壤通透性，建立无病田。

② 种子处理。做好晒种、选种、灭菌杀虫工作。

③ 适时播种，保温育秧。抢寒（流）尾暖头，看天气播种；播种要均，覆土以草木灰为佳。播种后必须采用保温措施。要注意保温覆膜的完整性。对于苗期低温频繁的地区，建议采用旱育秧或高低拱双膜覆盖育秧（图9），以增强抵抗低温能力。

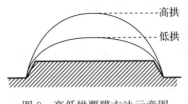

图9　高低拱覆膜方法示意图

④ 科学管水。前期湿润灌水，中期（现青到三叶期）浅水保湿，后期（三叶后）浅水勤

灌。如遇大风降温天气，深水护秧，寒流过后立即排水。

⑤ 加强管理。做好扎根期、三叶期、四叶期 3 次追施速效肥，盖膜秧田注意适时通风炼苗。

⑥ 药剂防治。可选用 65％敌克松 700 倍液或 50％多菌灵 800 倍液、50％托布津 1000 倍液喷雾。施药期间不见水，保持土壤湿润即可。

61. 如何防治水稻二化螟？

二化螟幼虫危害禾本科植物，也取食十字花科蔬菜和各种杂草。二化螟成虫白天潜伏于稻株下部，夜间飞舞，大多在午夜以前交配。雌蛾交配后，间隔一日即开始产卵，产卵在晚 8～9 时最盛。第一代多产卵于稻秧叶片表面距叶尖 3～6 厘米处，也能产卵在稻叶背面。第二代卵多产于叶鞘离地面约 3 厘米附近。第三代卵多产于晚稻叶鞘外侧。一只雌蛾能产卵 2～3 块，多者达 10 余块，平均 5～6 块，共 200～700 粒。

二化螟以幼虫越冬，主要在稻桩内，越冬期

如遇浸水则易死亡。二化螟每年发生的代数因纬度而异，第一代区在北纬 36°～32°，第 2～4 代区在北纬 32°～26°，第四代区在北纬 26°～20°，第五代区在北纬 20°以内。在黑龙江省每年发生 1 代，江苏、浙江、福建、安徽、四川、贵州每年发生 2～4 代，最南端海南岛每年发生 5 代。除纬度以外，海拔高度也影响发生代数。自从水稻种植制度改革以后，由于单季稻变成多季交错播种，相应给二化螟提供了生活有利的充足食料，发生代数与数量均有变化。采取各种措施，使用农业防治与药剂防治结合，已能控制螟害。

防治二化螟主要采取防、避、治相结合的策略，以农业防治为基础，在掌握害虫发生期、发生量和危害程度的基础上合理施用化学农药。

(1) 农业防治

主要采取消灭越冬虫源、灌水灭虫、避害等措施。冬闲田在冬季或翌年早春 3 月底以前翻耕灌水。早稻草要放到远离晚稻田的地方暴晒，以防转移危害；晚稻草要在春暖后化蛹前作燃料处理，烧死幼虫和蛹。在 4 月下旬至 5 月上旬（化蛹高峰至蛾始盛期），灌水淹没稻桩 3～5 天，能淹死大部分老熟幼虫和蛹，减少发生基数。要尽量避免单、双季稻混栽，可以有效切断虫源田和桥梁田之间的联系，降低虫口数量。不能避免时，单季稻田提早翻耕灌水，降低越冬代数量；双季早稻收割后及时翻耕灌水，防止幼虫转移危害。单季稻区适度推迟播种期，可有效避开二化螟越冬代成虫产卵高峰期，降低危害程度。在水、源比较充足的地区，可以根据水稻生长情况，在一代化蛹初期，先排干田水 2～5 天（或灌浅水），降低二化螟在稻株上的化蛹部位，然后灌水 7～10 厘米深，保持 3～4 天，可使蛹窒息死亡；二代二化螟 1～2 龄期在叶鞘危害，也可灌深水淹没叶鞘 2～3 天，能有效杀死害虫。

（2）药剂防治

为充分利用卵期天敌，应尽量避开卵孵盛期用药。一般在早、晚稻分蘖期或晚稻孕穗、抽穗期卵孵高峰后 5～7 天，当枯鞘丛率 5％～8％，或早稻每亩有中心受害株 100 株、丛害率 1％～1.5％，晚稻受害团高于 100 个时，及时用药防治；未达到防治指标的田块可挑治枯鞘团。二化

螟盛发时，水稻处于孕穗抽穗期，防治白穗和虫
伤株，以卵盛孵期后15~20天，成熟的稻田作
为重点防治对象田。在生产上使用较多的药剂品
种是杀虫双、杀虫单、三唑磷等，一般每亩用
78%精虫杀手可溶性粉剂40~50克或80%杀虫
单粉剂35~40克、25%杀虫双水剂200~250毫
升、20%三唑磷乳油100毫升，兑水40~50升
喷雾，也可兑水200升泼浇或400升大水量泼
浇。目前，许多稻区二化螟对杀虫双、三唑磷等
已产生严重抗药性，因此这些地区可每亩用5%
锐劲特（氟虫腈）悬浮剂30~40毫升，兑水40
~50升喷雾。由于锐劲特的价格较贵，且对大
螟效果较差，可以与其他农药如三唑磷等混用，
如每亩用21%山瑞（三唑磷·氟虫腈）乳油70
毫升，兑水40~50升喷雾。此外，施药期间保
持3~5厘米浅水层3~5天，可提高防治效果。

62. 如何防治水稻三化螟？

三化螟因在江浙一带每年发生3代而得名，
在广东等地可发生5代。以老熟幼虫在稻桩内越

冬，春季气温达 16 ℃时，化蛹羽化飞往稻田产卵。在安徽每年发生 3～4 代，各代幼虫发生期和危害情况大致为：第一代在 6 月上中旬，危害早稻和早中稻，造成枯心；第二代在 7 月，危害单季晚稻和迟中稻造成枯心，危害早稻和早中稻造成白穗；第三代在 8 月上中旬至 9 月上旬，危害双季晚稻造成枯心，危害迟中稻和单季晚稻造成白穗；第四代在 9、10 月，危害双季晚稻，造成白穗。

螟蛾夜晚活动，趋光性强，特别在闷热无月光的黑夜会大量扑灯。产卵具有趋嫩绿习性，水稻处于分蘖期或孕穗期，或施氮肥多，长相嫩绿的稻田，卵块密度高。刚孵出的幼虫称蚁螟，从孵化到钻入稻茎内需 30～50 分钟。蚁螟蛀入稻茎的难易及存活率与水稻生育期有密切的关系：水稻分蘖期稻株柔嫩，蚁螟很易从近水面的茎基部蛀入；孕穗期稻穗外只有一层叶鞘，孕穗末期，当剑叶叶鞘裂开，露出稻穗时，蚁螟极易侵入。其他生育期蚁螟蛀入率很低。因此，分蘖期和孕穗至破口露穗期这两个生育期是水稻受螟害的"危险生育期"。

被害稻株，多为一株 1 头幼虫，每头幼虫多转株 1~3 次，以三、四龄幼虫为盛。幼虫一般四龄或五龄，老熟后在稻茎内下移至基部化蛹。

就栽培制度而言，纯双季稻区比多种稻混栽区螟害发生重。就栽培技术上而言，基肥足，水稻健壮，抽穗迅速、整齐的稻田，螟害轻；追肥过迟和偏施氮肥，水稻徒长，螟害重。

春季，在越冬幼虫化蛹期间，如经常阴雨，稻桩内幼虫因窒息或被微生物寄生而大量死亡。温度 24~29℃、相对湿度 90% 以上，有利于蚁螟孵化和侵入危害；超过 40℃，蚁螟大量死亡；相对湿度 60% 以下，蚁螟不能孵化。

防治方法：

（1）农业防治

齐泥割稻、锄劈或拾毁冬作田的外露稻桩；春耕灌水，淹没稻桩 10 天；选择螟害轻的稻田或旱地作绿肥留种田；减少水稻混栽，选用良种，调整播期，使水稻"危险生育期"避开蚁螟孵化盛期；提高种子纯度，合理施肥和水浆管理。

（2）化学防治

防治枯心：每亩有卵块或枯心团超过 120 个的田块，可防治 1~2 次；60 个以下可挑治枯心

团。防治 1 次，应在蚁螟孵化盛期用药；防治 2
次，在孵化始盛期开始，5～7 天再施药 1 次。

防治白穗：在蚁螟盛孵期内，破口期是防治
白穗的最好时期。破口 5％～10％时，施药 1
次，若虫量大，再增加 1～2 次，间隔 5 天。可
用 3.6％杀虫单颗粒剂，每亩 4 千克撒施；也可
用 20％三唑磷乳油，每亩 100 毫升，加水 75 千
克喷雾；或用 50％杀螟松乳油，每亩 100 毫升，
加水 75 千克喷雾。也可甲氨基阿维菌素苯甲酸
盐（0.57％）＋氯氰·毒死蜱，每亩 25 毫升，
加水 30 千克喷雾。

(3) 生物防治

三化螟的天敌种类很多，寄生性的有稻螟赤
眼蜂、黑卵蜂和啮小蜂等，捕食性天敌有蜘蛛、
青蛙、隐翅虫等。病原微生物如白僵菌等是早春
引起幼虫死亡的重要因子。对这些天敌，都应实
施保护利用，还可使用生物农药 BT、白僵菌等。

63. 如何防治稻纵卷叶螟？

稻纵卷叶螟是一种迁飞性害虫，自北而南一

年发生 1～11 代；南岭山脉一线以南，常年有一定数量的蛹和少量幼虫越冬，北纬 30°以北稻区不能越冬，故广大稻区初次虫源均自南方迁来。成虫有趋光性、栖息趋荫蔽性和产卵趋嫩性，适温高湿产卵量大，一般每雌产卵 40～70 粒；卵多单产，也有 2～5 粒产于一起，气温 22～28℃、相对湿度 80% 以上，卵孵化率可达80%～90%。初孵幼虫大部分钻入心叶危害，进入二龄后，则在叶上结苞，孕穗后期可钻入穗苞取食。幼虫一生食叶 5～6 片，多达 9～10 片，食量随虫龄增加而增大，1～3 龄食叶量在 10%以内，幼虫老熟后多离开老虫苞，在稻丛基部黄叶及无效分蘖嫩叶上结满茧化蛹。

稻纵卷叶螟发生轻重与气候条件密切相关，适温高湿情况下，有利成虫产卵、孵化和幼虫成活。因此，在多雨日及多露水的高湿天气，有利于稻纵卷叶螟猖獗危害。

防治方法：

(1) 农业防治

选用抗（耐）虫水稻品种，合理施肥，使水稻生长发育健壮，防止前期猛发旺长，后期恋青迟熟。科学管水，适当调节搁田时间，降低幼虫孵化期田间湿度，或在化蛹高峰期灌深水 2～3 天，杀死虫蛹。

（2）生物防治

保护利用天敌，提高自然控制能力。我国稻纵卷叶螟天敌种类多达 80 余种，各虫期均有天敌寄生或捕食，保护利用好天敌资源，可大大提高天敌对稻纵卷叶螟的控制作用。卵期寄生天敌有稻螟赤眼蜂，幼虫期有纵卷叶螟绒茧蜂，捕食性天敌有蜘蛛、青蛙等，对纵卷叶螟都有很大的控制作用。

（3）化学防治

根据水稻分蘖期和穗期易受稻纵卷叶螟危害，尤其是穗期损失更大的特点，药剂防治的策略应狠治穗期受害代，不放松分蘖期危害严重代。施药时期应根据不同农药残效长短略有变化，击倒力强而残效较短的农药，在孵化高峰后 1～3 天施药；残效较长的可在孵化高峰前或高峰后 1～3 天施药。生产中应根据实际情况，结合其他病虫害的防治灵活掌握。参考药剂有：得力士（20 亿单位棉铃虫核型多角体病毒，江西正邦生化有限公司)、金爱维丁(5%阿维菌素乳油,深圳诺普信品牌产品)、乐斯本(48%毒死蜱乳油,陶氏益农)、5%氟铃脲乳油、10%氟铃·毒死蜱乳油、康坤(3.2%阿维菌素微乳剂,山东天道生物工程有限公司)。

需要注意的是,使用化学药剂防治时要注意轮换和混配用药,不同区域使用药剂请咨询当地植保专家。

64. 如何防治稻飞虱?

水稻飞虱的种类多,主要包括褐飞虱、灰飞虱、白背飞虱。它在我国各稻区都有发生,长江中下游平原和华北发生较多。飞虱对水稻的危害主要表现在直接吸食(刺吸茎叶组织汁液)、产卵危害(形成大量伤口,破坏输导组织)、传播病害(传播病毒病、利于水稻纹枯病和小球菌核病的侵染)。由于褐飞虱的发生面积最大,影响也最大,故以褐飞虱为例说明。

褐飞虱是一种迁飞性害虫,每年发生代数自

北而南递增。越冬北界，随各年冬季气温高低在北纬 21°～25°之间，常年在北纬 25 ℃以北的稻区不能越冬，因此我国广大稻区的初次虫源均随春夏、暖湿气流，主要由东南亚一带向北逐代逐区迁入。

褐飞虱有长翅型和短翅型。长翅型成虫具趋光性，闷热夜晚扑灯更多；成、若虫一般栖息于阴湿的稻丛下部；成虫喜产卵在抽穗扬花期的水稻上，产卵期长，有明显的世代重叠现象。卵多产在叶鞘中央肥厚部分，少数产在稻茎、穗颈和叶片基部中脉内，每头雌虫一般产卵 300～700 粒。短翅型成虫产卵量比长翅型多。

褐飞虱喜温暖高湿的气候条件，在相对湿度 80％以上，气温 20～30 ℃时，生长发育良好，尤其以 26～28 ℃最为适宜，温度过高、过低及湿度过低，不利于生长发育，尤以高温干旱影响更大，故夏秋多雨、盛夏不热、晚秋暖和，有利于褐飞虱发生危害。

褐飞虱是中国水稻上的主要害虫之一，每年均与白背飞虱混合发生危害，两种飞虱不同年份在不同省份和地区发生程度不同，年发生危害面积均在 2 亿亩次以上。

防治方法：

(1) 农业防治

选用抗（耐）虫水稻品种，科学肥水管理，适时烤田，避免偏施氮肥，防止水稻后期贪青徒长，创造不利于褐飞虱滋生繁殖的生态条件。

(2) 生物防治

褐飞虱各虫期寄生性和捕食性天敌种类较多，除寄生蜂、黑肩绿盲蝽、瓢虫等外，还有蜘蛛、线虫、菌类对褐飞虱发生有很大的抑制作用，应保护利用，提高自然控制能力。

(3) 化学防治

根据水稻品种类型和飞虱发生情况，采用压前控后或狠治主害代的策略，选用高效、低毒、残效期长的农药，尽量考虑对天敌的保护，掌握在若虫 2～3 龄盛期施药。可用 10％大功臣可湿性粉剂 15 克或 50％二嗪磷乳油 50 毫升、25％扑虱灵可湿粉剂 25～30 克，兑水 50 千克喷雾。如果虫害发生严重，可在农技人员指导下适当加大用药量。

65. 如何防治稻蓟马?

稻蓟马生活周期短,发生代数多,世代重叠,多数以成虫在麦田、茭白及禾本科杂草等处越冬。成虫常藏身卷叶尖或心叶内,早晚及阴天外出活动,有明显趋嫩绿稻苗产卵习性,卵块散产于叶脉间,幼穗形成后则以心叶上产卵为多。初孵幼虫集中在叶耳、叶舌处,更喜欢在幼嫩心叶上危害。7、8月低温多雨,有利于发生危害;秧苗期、分蘖期和幼穗分化期是蓟马的严重危害期,尤其是晚稻秧田和本田初期受害更重。

防治方法:

(1) 农业防治

调整种植制度,尽量避免早、中、晚稻混栽,相对集中播种期和栽秧期,以减少稻蓟马的繁殖桥梁田和辗转危害的机会。合理施肥,在施足基肥的基础上,适期适量追施返青肥,促使秧苗正常生长,减轻危害。防止乱施肥。

(2) 化学防治

防治时期:依据稻蓟马的发生危害规律,秧

苗四、五叶期和本田稻苗返青期是遭受稻蓟马的危害时期。这是药剂保护的重点,即在秧田秧苗四、五叶期用药一次,第二次在秧苗移栽前2～3天用药,可用20％三唑磷乳油100毫升兑水40千克喷雾。

防治指标:将卷叶苗,叶尖初卷率约15％～25％,列为防治对象田。

66. 如何选用对路的农药品种?

(1) 根据用途选药

购买化学农药的目的是治虫,还是防病或者除草?而且,治什么虫,防什么病,除什么草?不同的病、虫、杂草所用的农药品种都不一样。

(2) 按量购药

要按量购药,按照打药的面积、打药的次数和每亩的用药量,来确定购买农药的数量。避免多购,堆放时间长,引起药效不济。

(3) 相关咨询

购买化学农药前,最好先到乡镇农技推广站、植物医院去咨询一下,弄清田里发生的是什么病、什么虫，然后去买防治这种病虫的农药，真正做到对症下药。

市场上有伪劣农药出售，购买时要注意包装是否完整，有无生产厂名、商标、出厂日期，如果没有，就不要买。对于水剂农药，看看有没有分层或沉淀；粉剂农药有没有结块，若有结块会影响药效，建议不买。

此外，未用完的农药要妥善保管，放于避光处，切忌随意丢放，以免造成损失。

67. 科学使用农药要掌握哪些原则？

（1）正确使用农药

科学使用化学农药的原则是：有效、经济、安全。正确使用农药要做到以下几点：

对症下药：根据病、虫、杂草的种类，选用对路农药。

适量用药：适量就是单位面积的用药量或稀释倍数要合适，不要过多或过少，做到既保证药效，又不造成浪费。

适时用药：根据预报和自查田中的病虫情

况，选择最有利于灭病虫的时期用药，不可过早过晚。

合理混合和交替使用农药：选择合适的农药混合使用，可以提高防治效果，并做到一次用药同时防治两种以上病虫。一种农药不宜长期单一使用，应与其他效果基本相同的农药交替使用，可以防止或减缓病虫对某种药物产生抗药性。

讲究施药方法：如防治稻蝗，可采取先在田块四周施药，再向田中施药；防治稻飞虱，药剂应施在稻株下部；防治稻纵卷叶螟，则以普通喷雾效果较佳。

严格划分防治对象：按照水稻苗情以及田中病虫发生情况，划分防治对象田，对于病虫较重的田要重点防治，不要搞"一刀切"，做到该用药防治的田用药，不必用药防治的田就不用药，既有重点和一般，又不滥治、漏治。

（2）把握施药时间

为了提高农药的使用效率，要注意尽量增加害虫食药、触药的机会，这样才能取得最好的施药效果。不少农民朋友常常在中午气温高时喷施农药，这是十分有害的。因为中午光照强，害虫躲在叶片的背面和植物的茎秆与果实内；加之中午药液易分解、易挥发，故杀虫效果差。另一个值得注意的问题是，此时农药对人伤害也很大，不少农药中毒现象的发生大多出现在这一时段。

农作物最佳喷药时间，是指在农业技术部门病虫预测预报的基础上，农技人员建议的时间段。一般晴天、阴天的天气，以上午 8 时至 10 时，下午 5 时前后最好。这是因为上午 9 时左右露水才干，温度不太高，正是日出性害虫取食、生活最旺盛的时候，这时用药不会被露水冲淡药液，也不会因为温度过高而使药液分解，降低药效，反而可使日出性害虫增加食药、触药的机会；下午 4 时以后，太阳偏西、光线渐弱，夜出性害虫即将开始活动，这时喷施农药，害虫在黄昏和夜间出来活动取食，可有效地杀灭夜出性害虫。

在天气多雨的时段里，要特别注意当地的天气信息。除了要看（听）当地的气象信息，更要注意与当地的气象技术人员沟通，把握天气情况，避开雨天，降低生产成本，更好地发挥药物的作用。

水稻喷施药还有一个需要注意的问题，就是喷药时要尽量避开水稻扬花时间，水稻花器（主要是花药、花粉）对环境反应十分敏感，药物对花粉会有一定影响，当药物种类及浓度超过花粉的承受程度时，会影响其结实率。

68. 如何有效防治鼠害？

要有效地防治鼠害，首先必须了解农田害鼠发生繁殖危害的规律。这就需要注意当地农业部门的有关信息。结合耕作制度和气候特点等因素综合分析，一般说来，农村鼠害防治的最佳时期是每年的春季 3 月和秋季 8 月。

一般 3 月份气温已开始回升，鼠类活动日趋频繁，并开始繁殖，此时灭鼠既能减少春季繁殖量，收到"一杀百杀"的效果，对控制全年的害鼠数量将起很大作用，又可保证春播作物全苗、正常生长，减轻播种期鼠害程度；同时 3 月份农田的鼠粮少，此时，处于冬后复苏的鼠类大量出巢，饥不择食，容易取食毒饵，火鼠效果好。

8～9 月秋收作物日渐成熟，害鼠进入秋季繁殖高峰期，害鼠密度上升，此时灭鼠既可保证秋收作物顺利成熟收获，颗粒归仓，减少鼠耗损失，还可起到压低越冬基数，减轻翌年鼠害。

防治方法：

（1）科学选用杀鼠剂

积极推广高效、低毒抗凝血杀鼠剂，减少二次中毒，禁止使用含有氟乙酰胺、氟乙酰钠等高毒鼠药。据试验，用0.5%溴敌隆水剂、0.75%杀鼠迷粉剂、98%氯敌鼠钠盐粉剂防治农田黑线姬鼠和住宅区褐家鼠，效果均达85%以上，可以作为大面积灭鼠的首选鼠药；如果交替使用，可以提高防治效果。

（2）合理选择饵料

毒饵饵料一般选择稻谷、大米、玉米粒、小麦粒、甘薯块等鼠类喜吃食物，在毒饵中适量加入食盐、菜油等，提高适口性，可以提高防治效果。

（3）毒饵配制方法

溴敌隆使用浓度1∶100，即先用0.5%溴敌隆水剂1千克兑温水10千克，充分搅拌后倒入100千克饵料中拌匀，待药被吸干后，用塑料薄膜覆盖闷堆30秒，然后摊开晾干，即成

0.005％溴敌隆毒饵。

杀鼠迷使用浓度 1∶19，即用 0.75％杀鼠迷粉剂 1 千克，饵料 19 千克，加入适量的水（能沾附药粉为宜）充分拌匀，即成 0.037 5％杀鼠迷毒饵。

98％氯敌鼠钠盐粉剂使用浓度 1∶200，配制方法同上。

（4）投饵方法

稻田耕作区采用一次性饱和投饵法。稻田投饵按自然田块，在田埂上或沟渠边及稻田附近的鼠类活动场所投饵一圈，形成保护圈；山坡旱地以耕地为中心设保护区，重点投药防治；住宅区采用连续多次投饵法，连续投饵三个夜晚，按多吃多补、少吃少补、不吃不补的原则进行补充饵量，对猪栏、牛圈、粮仓、厨房以及鼠类经常活动的地方重点投药。

（5）投饵量

稻田耕作区投饵实行少放多堆的原则，一般每 5 米一堆，每堆 3～5 克，每亩投饵量 200 克。住宅区按 15 米^2 房间投饵 2～3 堆，每堆 5～10克进行投饵。

69. 怎样防治稻田草害?

由于现在水稻的种植方式有直播(撒播、点播)、移栽(旱育秧、湿润育秧)、抛秧(软盘育秧、旱育秧)等多种形式,而且,北方一般采用麦—稻连作,南方一年多熟的种植制度,因此杂草发生频度高,危害严重。稻田杂草出草时间、危害时间不同,危害的方式、程度也不同。如禾本科杂草在稻类生长前期即开始危害,莎草科和其他杂草则在稻类生长的中期开始危害,千金子在旱湿交替环境中大量繁殖,菹草和藻类杂草则易在水较深的老稻田危害,菊科、玄参科、蓼科、车前科等杂草在田埂地头危害。

(1)稻田杂草的来源

① 种子。农民自留稻种中含有的和从外地调运的,特别是未经精选、未经检疫的稻种,主要含有稗子。

② 农家肥。如作物秸秆、杂草、落叶、垃圾、人粪尿等。这些粪肥如果不经高温沤制,其中所含草籽所具有的旺盛生命力超出人们的想

像，随肥料入田后所造成的危害也使人们瞠目结舌，还以为是自己的除草手段不当或所使用的除草剂是假冒伪劣产品。其实，这些杂草种子在与除草剂对抗的过程中，也锻炼了自己的抗性，即比人工栽培的植物更容易对周围不良环境产生抗性，这样它们才能延续生存。

③ 田埂沟渠。由于只重视田间杂草的防除，未注意田埂、沟渠，这些地方更容易产生大量杂草和草种。它们或脱落田内，或滋生蔓延，或随水流入，一遇适当环境便大量萌发，造成危害。

④ 固有草源。上年或上季存留于田间的杂草成熟后结的种子及田间多年生杂草宿根，一旦田间环境适宜，便会很快萌发，成为田间草害发生的主要来源。

（2）稻田杂草防除对策

化学除草剂即使除草效果再强，杂草迟早也会对它产生抗性，使除草剂药效降低甚至失效。防除草害就是从保护环境的角度出发，采取综合治理方针，通过农业的、生物的、机械的、化学的措施，将各种措施有机地结合起来，将杂草的危害降到最低限度。

① 防除外源性杂草危害。

检疫检验：所谓检疫，是指国家和地方植物检疫部门通过检疫防止一地检疫性杂草通过种子等途径传入到另一地。种子检验，是指防止非检疫杂草种子通过稻种传入另一地（如前所述杂草种类），只有通过供种部门才能做到。

精选：将种子通过人工去杂、风选、筛选、机械选等措施，清除杂草种子，留下无病虫、无草籽的健壮饱满种子。

高温沤肥：将各种农家肥经过高温沤制（堆内温度应超过 50 ℃），使绝大部分杂草种子丧失生命力。

清除田埂和沟渠杂草：在每季稻开始种植以前，应将周围田埂"捞塌板"，即将半边田埂土铲入田中，经水沤数日，初壅于埂边，经过 1～2 天再捞起翻盖贴在原田埂处，用锹抹光，"塌板"即捞成。这样做，既可保证 1～2 个月田边基本无草害，又可防止田埂渗漏。若在"塌板"上点种黄豆则更好。还可在盛夏或夏末秋初铲除田埂沟渠的杂草，或在田间进水口用网或茂密的拔下来的杂草绕成草把，滤掉草籽。

② 防除内源杂草危害。

合理轮作：合理轮作倒茬是防除田间杂草的一项经济有效措施。通过科学轮作倒茬，改变杂草的生长环境，可减少或灭绝杂草，如麦—稻轮作，双子叶杂草发生量很少；麦—稻—油菜—稻—麦两年五作制对抑制单、双子叶杂草很有效。

深翻耕作：这一措施可将比较容易萌发的种子埋入深层，使之休眠或死亡，不致造成危害，并将土壤表层杂草埋入土中腐烂致死，使深层的许多匍生、根状块茎杂草翻至地面干死或冻死，减少杂草造成的危害。

中耕除草：包括人工除草和机械除草。虽然比较劳累，或者需要付出一定的经济代价，但除草种类全面，效果彻底，而且起到保墒和疏松土壤的作用。

合理使用除草剂：稻田除草剂有 100 多种，而且它们的除草范围、应用方式、使用时期也各不相同，使用稻田除草剂时应仔细辨认除草范围、方式和方法，了解"注意事项"，以免造成损失。注意使用低残留，易降解的除草剂类型。

70. 如何防止和补救水稻药害?

水稻药害是指生产者使用农药不当产生的伤害水稻的现象。

(1) 常见药害症状

① 斑点。褐斑、黄斑、枯斑、网斑等。例如,在水稻生长初期误喷了丁草胺,则稻苗会明显出现不规则褐斑。

② 畸形。药害引发的水稻畸形多出现在水稻的茎叶部和根部,有卷叶、丛生、肿根、畸型穗等。例如,受2,4-D药害时,心叶僵硬,并有筒状叶和畸型穗出现;某些药害能导致水稻茎基部和中部节腋芽萌生分蘖,有时成一秆多茎丛生;形成的分蘖能成穗和抽穗,但不结实;药害还可导致畸形株发生,某些畸形株甚至有9个节间。

③ 枯萎。药害枯萎往往整株表现症状,大多由除草剂引起。例如,水稻苗期误喷了盖草能,整株就会枯萎死亡。

④ 生长停滞。水稻受药害后,正常生长受

到了抑制，出现生长缓慢现象。例如，在水稻移栽后喷施丁草胺不当，除发生褐斑外，还表现出生长缓慢等迹象。

(2) 药害的主要原因

① 药剂浓度过高，伤害植物组织。例如，在水稻叶片上有白色斑块，斑块边缘有明显的褐色边界。

② 药剂选用错误。某些药剂成分干扰植株的正常代谢，引发水稻生长畸形。例如，二绿喹啉酸可使水稻心叶出现卷曲，整个植株矮化，横向生长，严重的到最后心叶枯萎死亡；草甘膦可使水稻出现叶片发白，严重者整株稻株死亡；磺酰脲类除草剂可使水稻出现包茎不抽穗现象（在减数分裂期施用会影响细胞分裂）；防治稻曲病的三唑酮及其复配剂的浓度过高也可导致水稻不能抽穗，甚至造成绝收。

(3) 防治水稻药害

防治水稻药害要以防为主，即在用药之前必须了解药物的性能、作用对象、使用要点，避免药害的产生。

产生药害之后，要了解药害产生的原因，针

对原因采取补救措施。常见的方法有:

① 施用速效肥。对于高浓度药物危害,可根据苗情在受害较重的地方适度施用偏肥,一般每亩 3~5 千克;施后浅中耕,促进秧苗正常生长。如果受害较轻,可根外追肥,用 0.2% 的磷酸二氢钾加 0.1% 的尿素溶液对受害部位喷施。

② 药物补救。利用药物之间的拮抗原理,采用对致害药物有拮抗作用的药物进行补救。例如,1,8-奈二甲酐(NA)处理种子,可提高水稻、玉米、高粱对拉索、都尔、绿黄隆、禾草灵的抗性;恶霉灵处理水稻苗床,可降解西草净、敌稗对水稻苗的药害;赤霉素(九二〇)能抵消 2,4-D 类药害的影响。

③ 水分管理。水稻受害之后,在条件允许的情况下应尽量实行浅水管理。因为浅水的泥温较高,能促进土壤养分分解和根系吸收,促进受害植株生长。

④ 拔去枯萎植株。对于受害严重的个别枯萎植株,用一般的方法难以补救,可以拔除,再用健康的苗填补。

图书在版编目（CIP）数据

种植优质好稻米/邢丹英等编著．—北京：中国农业出版社，2016.1（2018.3重印）
（听专家田间讲课）
ISBN 978 - 7 - 109 - 21373 - 9

Ⅰ.①种…　Ⅱ.①邢…　Ⅲ.稻-栽培技术　Ⅳ.①S511

中国版本图书馆CIP数据核字（2016）第013741号

中国农业出版社出版
（北京市朝阳区麦子店街18号楼）
（邮政编码100125）
责任编辑　杨天桥　郭银巧

中国农业出版社印刷厂印刷　　新华书店北京发行所发行
2016年1月第1版　　2018年3月北京第12次印刷

开本：787mm×960mm　1/32　印张：6.125
字数：82千字　　印数：63 378～66 378册
定价：18.00元
（凡本版图书出现印刷、装订错误，请向出版社发行部调换）